高等职业院校公共基础课教材

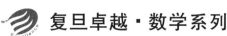
复旦卓越·数学系列

高等数学

主　编　杨光昊　李　伟　芦　艺
副主编　计　伟　甘　静　任祉静　李　谊
编　著（按姓氏笔画排列）
　　　　王雪娇　余文财　张圣勤　张　宜　陈小丹
　　　　杨万梅　高利群　曹　烁　黄　瑛　滕　可
主　审　熊　力

复旦大学出版社

内 容 提 要

本教材依据"降低理论要求,优化结构体系,加强实际应用,注重能力培养"的编写原则,在结构处理和内容安排上力求做到传授理论知识与培养实际能力相结合,同时还选配大量例题、习题,以便于教师的教学和学生的自学.本书共 5 章,具体包括函数与极限、导数与微分、导数的应用、不定积分、定积分.

本书可作为高职高专学生的高等数学教材,也可作为行业岗位培训或自学用书,同时可供成人高职高专学生学习参考.

本书配有课件等相关教学参考资料,欢迎教师扫描下面的二维码免费获取.

前　言

　　数学是一门重要而应用广泛的学科，被誉为锻炼思维的体操和人类智慧之冠上最明亮的宝石．不仅如此，数学还是各类科学和技术的基础，它的应用几乎涉及所有的学科领域，对于世界文化的发展有着深远的影响．学校作为培育人才的摇篮，其数学课程的开设也就具有特别重要的意义．

　　近年来，随着我国经济建设与科学技术的迅速发展，教育进入飞速发展的时期，已经突破了以前的精英式教育模式，发展成为一种在终身学习的大背景下极具创造性和再创性的基础学科教育．学校教育教学理念不断更新，教学改革不断深入，办学规模不断扩大，数学课程开设的专业覆盖面也不断增大．为了适应这一发展需要，经众多学校的数学教师多次研究讨论，联合编写了这本高质量的数学教材．

　　在教材中，概念、定理及理论叙述准确、精炼，符号使用标准、规范，知识点突出，难点分散，证明和计算过程严谨，例题、习题等均经过精选，具有代表性和启发性．

　　本书含函数与极限、导数与微分、导数的应用、不定积分、定积分等内容．

　　本书由贵州电子科技职业学院杨光昊、贵州水利水电职业技术学院李伟、贵州装备制造职业学院卢艺3位老师担任主编，由贵州建设职业技术学院计伟、贵州水利水电职业技术学院甘静、贵州电子科技职业学院任祉静、贵州电子商务职业技术学院李谊4位老师担任副主编．参编老师有上海电机学院的张圣勤、贵州电子科技职业学院的曹烁、滕可，贵州水利水电职业技术学院的高利群、张宜，贵州电子商务职业技术学院的杨万梅、陈小丹，黔西南民族职业技术学院的黄瑛，贵州食品工程职业学院的余文财和贵州建设职业技术学院的王雪娇．全书的统稿工作由杨光昊完成．贵州装备制造职业学院的熊力老师担任本书的主审．

　　本书难免有不妥之处，希望使用本书的教师和学生提出宝贵意见或建议．

编者

2019年7月

目 录

第1章 函数与极限 ... 1

§1.1 函数 ... 1
- 1.1.1 区间与邻域 ... 1
- 1.1.2 函数的概念与性质 ... 3
- 1.1.3 初等函数 ... 7
- 练习与思考 1-1 ... 11

§1.2 函数的极限 ... 11
- 1.2.1 函数极限的概念 ... 11
- 1.2.2 极限的性质 ... 15
- 练习与思考 1-2 ... 15

§1.3 极限的运算 ... 15
- 1.3.1 极限的运算法则 ... 16
- 1.3.2 两个重要极限 ... 18
- 练习与思考 1-3 ... 21

§1.4 无穷小及其比较 ... 22
- 1.4.1 无穷小与无穷大 ... 22
- 1.4.2 无穷小与极限的关系 ... 24
- 1.4.3 无穷小的比较与阶 ... 24
- 练习与思考 1-4 ... 26

§1.5 函数的连续性 ... 27
- 1.5.1 函数的改变量 ... 27
- 1.5.2 函数连续的概念 ... 27
- 1.5.3 函数的间断点 ... 29
- 1.5.4 初等函数的连续性 ... 31
- 练习与思考 1-5 ... 32

本章小结 ... 32

第2章 导数与微分 ... 34

§2.1 导数的概念——函数变化速率的数学模型 ... 34
- 2.1.1 函数变化率 ... 35

2.1.2　导数的概念 ……………………………………………………… 36
　　2.1.3　导数的几何意义与曲线的切线和法线方程 …………………… 40
　练习与思考 2-1 ………………………………………………………………… 40
§2.2　导数的运算(一) ……………………………………………………………… 41
　　2.2.1　函数四则运算的求导 ……………………………………………… 41
　　2.2.2　复合函数及反函数的求导 ………………………………………… 42
　练习与思考 2-2 ………………………………………………………………… 45
§2.3　导数的运算(二) ……………………………………………………………… 45
　　2.3.1　二阶导数的概念及其计算 ………………………………………… 45
　　2.3.2　隐函数求导 ………………………………………………………… 46
　　2.3.3　参数方程所确定的函数求导 ……………………………………… 48
　练习与思考 2-3 ………………………………………………………………… 49
§2.4　微分——函数变化幅度的数学模型 ………………………………………… 49
　　2.4.1　微分的概念及其计算 ……………………………………………… 50
　　2.4.2　微分作近似计算——函数局部线性逼近 ………………………… 54
　练习与思考 2-4 ………………………………………………………………… 54
本章小结 ………………………………………………………………………… 55

第 3 章　导数的应用 ……………………………………………………………… 57

§3.1　函数的单调性与极值 ………………………………………………………… 57
　　3.1.1　拉格朗日微分中值定理 …………………………………………… 57
　　3.1.2　函数的单调性 ……………………………………………………… 59
　　3.1.3　函数的极值 ………………………………………………………… 62
　练习与思考 3-1 ………………………………………………………………… 64
§3.2　函数的最值——函数最优化的数学模型 …………………………………… 65
　　3.2.1　函数的最值 ………………………………………………………… 65
　　3.2.2　实践中的最优化问题举例 ………………………………………… 67
　练习与思考 3-2 ………………………………………………………………… 69
§3.3　一元函数图形的描绘 ………………………………………………………… 69
　　3.3.1　函数图形的凹凸性与拐点 ………………………………………… 69
　　3.3.2　函数图形的渐近线 ………………………………………………… 72
　　3.3.3　一元函数图形的描绘 ……………………………………………… 73
　练习与思考 3-3 ………………………………………………………………… 75
§3.4　洛必达法则 …………………………………………………………………… 75

  3.4.1 柯西微分中值定理 ······ 76
  3.4.2 洛必达法则 ······ 77
  练习与思考 3-4 ······ 83
 §3.5 导数在经济领域中的应用举例 ······ 84
  3.5.1 导数在经济中的应用(一):边际分析 ······ 84
  3.5.2 导数在经济中的应用(二):弹性分析 ······ 86
  练习与思考 3-5 ······ 88
 本章小结 ······ 88

第 4 章 不定积分 ······ 91

 §4.1 不定积分的概念与积分的基本公式和法则 ······ 91
  4.1.1 不定积分的概念 ······ 91
  4.1.2 积分的基本公式和法则 ······ 93
  练习与思考 4-1 ······ 96
 §4.2 换元积分法 ······ 96
  4.2.1 第一类换元积分法 ······ 96
  4.2.2 第二类换元积分法 ······ 98
  练习与思考 4-2 ······ 101
 §4.3 分部积分法 ······ 101
  练习与思考 4-3 ······ 103
 本章小结 ······ 103

第 5 章 定积分 ······ 106

 5.1 定积分的概念 ······ 106
  5.1.1 问题提出 ······ 106
  5.1.2 定积分的定义 ······ 108
  5.1.3 定积分的几何意义 ······ 109
  练习与思考 5-1 ······ 111
 §5.2 定积分的性质 ······ 111
  5.2.1 牛顿-莱布尼兹公式 ······ 111
  5.2.2 可积条件 ······ 114
  5.2.3 定积分的基本性质 ······ 114
  5.2.4 积分中值定理 ······ 116
  练习与思考 5-2 ······ 116

§5.3 定积分的计算 …………………………………………………………… 117
    5.3.1 直接由不定积分求解定积分 ………………………………… 117
    5.3.2 换元积分法 …………………………………………………… 117
    5.3.3 分部积分法 …………………………………………………… 121
    5.3.4 微积分基本定理 ……………………………………………… 122
    5.3.5 广义积分 ……………………………………………………… 122
    练习与思考 5-3 …………………………………………………… 124
§5.4 定积分的应用 …………………………………………………………… 124
    5.4.1 微元分析法——积分思想的再认识 ………………………… 124
    5.4.2 定积分在几何上的应用 ……………………………………… 126
    5.4.3 定积分应用于经济 …………………………………………… 129
    5.4.4 定积分应用于工程技术 ……………………………………… 130
    练习与思考 5-4 …………………………………………………… 131
本章小结 ………………………………………………………………………… 131

附录一 常用数学公式 …………………………………………………………… 134
附录二 常用积分表 ……………………………………………………………… 142
附录三 参考答案 ………………………………………………………………… 148

第 1 章

函数与极限

微积分研究的对象是函数,最基本的研究工具就是极限.

几百年来,函数的概念先后经过 4 个发展阶段.早在函数概念尚未明确提出以前,大部分的函数是被当作曲线来研究的. 1673 年,德国数学家莱布尼兹首先使用函数(function)一词. 18 世纪,瑞士数学家贝努利、欧拉先后从代数观念给函数下了定义——变量的解析式. 19 世纪,法国数学家柯西从"对应关系"的角度定义函数,而德国数学家狄利克雷将之拓广,指出:"对于每一个确定的 x 值,y 总有完全确定的值与之对应,则 y 是 x 的函数."这就是我们常说的经典函数定义.我国清代数学家李善兰在翻译《代数学》一书时,把"function"译成"函数",意为"凡式中含天,为天之函数",这就是中文数学书中"函数"一词的由来.近代,数学家又把集合论引入函数定义,构成了现代函数的概念.

而极限概念的形成经历了更为漫长的岁月.《庄子·天下篇》中的名言"一尺之棰,日取其半,万世不竭",描述了一个趋于零但总不是零的无限变化过程.这是我国古代极限思想的萌芽.魏晋时期,数学家刘徽创造了"割圆术":用圆内接正多边形无限逼近圆周.这是一个由近似到精确、由量变到质变的无限变化过程.刘徽以及之后的祖冲之用"割圆术"计算出当时世界上最准确的圆周率.这种无限逼近某个值的思想就是极限概念的基础.

本章主要研究函数的基本概念和性质,并讨论极限的基本运算.

§1.1 函数

1.1.1 区间与邻域

1. 区间

除了自然数集 **N**、整数集 **Z**、有理数集 **Q** 与实数集 **R** 等常用数集外,区间与邻域是高等数学中最常用的数集.

介于某两个实数之间的全体实数构成有限区间,这两个实数称为区间的**端点**,两端点间的距离称为区间的**长度**.

设 a,b 为两个实数,且 $a<b$, (a,b) 称为**开区间**, $(a,b)=\{x\mid a<x<b\}$. $[a,b]$ 称为**闭区间**, $[a,b]=\{x\mid a\leqslant x\leqslant b\}$. 另外还有半开半闭区间,如 $[a,b)=\{x\mid a\leqslant x<b\}$, $(a,b]=\{x\mid a<x\leqslant b\}$.

除上面的有限区间外,还有无限区间,如 $[a,+\infty)=\{x\mid a\leqslant x\}$, $(-\infty,b)=\{x\mid x<b\}$, $(-\infty,+\infty)=\mathbf{R}$.

注 以后在不需要辨别区间是否包含端点、是否有限或无限时,常将其简称为"区间",且常用 I 表示.

例 1 用区间表示下列不等式的解集:

(1) $-1\leqslant x\leqslant 3$;   (2) $x<0.1$;   (3) $x\geqslant -7$.

解 (1) $[-1,3]$;   (2) $(-\infty,0.1)$;   (3) $[-7,+\infty)$.

例 2 用区间表示下列不等式组的解集:

(1) $\begin{cases} x-3>0, \\ x+2>0; \end{cases}$ (2) $\begin{cases} x-2<0, \\ x+2<0. \end{cases}$

解 (1) 原不等式组可化为

$$\begin{cases} x>3, \\ x>-2, \end{cases}$$

即

$$x>3,$$

所以,原不等式的解集为 $(3,+\infty)$.

(2) 原不等式组可化为

$$\begin{cases} x<2, \\ x<-2, \end{cases}$$

从而

$$x<-2,$$

所以,不等式组的解集为 $(-\infty,-2)$.

2. 邻域

设 a 与 δ 是两个实数,且 $\delta>0$,则开区间 $(a-\delta,a+\delta)$ 称为点 a 的 δ **邻域**,记作 $U(a,\delta)$,即

$$U(a,\delta)=\{x\mid a-\delta<x<a+\delta\}=\{x\mid |x-a|<\delta\},$$

其中,点 a 叫做该邻域的**中心**,δ 叫做该邻域的**半径**,如图 1-1-1 所示.

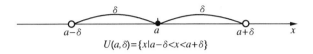

图 1-1-1

若把邻域 $U(a,\delta)$ 的中心 a 去掉,所得到的邻域称为点 a 的**去心邻域**,记为 $\mathring{U}(a,\delta)$,即 $\mathring{U}(a,\delta)=(a-\delta,a)\bigcup(a,a+\delta)=\{x\mid 0<|x-a|<\delta\}$,并且称 $(a-\delta,a)$ 为点 a 的左 δ 邻域,$(a,a+\delta)$ 为点 a 的右 δ 邻域. 例如,
$$U(2,1)=\{x\mid |x-2|<1\}=(1,3),$$
$$\mathring{U}(2,1)=\{x\mid 0<|x-2|<1\}=(1,2)\bigcup(2,3).$$

1.1.2 函数的概念与性质

1. 函数的定义

定义 1 如果变量 x 在其变化范围 D 内任意取一个数值,变量 y 按照一定对应法则总有唯一确定的数值与它对应,则称 y 为 x 的**函数**,记为
$$y=f(x), x\in D,$$
其中,x 称为自变量,y 称为因变量,D 为函数的**定义域**.

对于 $x_0\in D$,按照对应法则 f,总有唯一确定的值 y_0 与之对应,称 y_0 为函数在点 x_0 处的**函数值**,记为
$$y_0=f(x_0) \text{ 或 } y\mid_{x=x_0}.$$

当自变量 x 取遍定义域 D 内的各个数值时,对应的变量 y 全体组成的数集称为这个函数的**值域**.

函数的定义域 D 与对应法则 f 称为函数的两个要素,两个函数相同的充分必要条件是定义域相等,对应法则相同.

函数的定义域在实际问题中应根据实际意义具体确定,如果讨论的是纯数学问题,则使函数的表达式有意义的实数集合称为它的定义域,即自然定义域.

例 3 求函数 $y=\dfrac{\sqrt{x+3}}{x-2}$ 的定义域.

解 根据"偶次根式的被开方式应大于等于零","分母不为零",可以列式如下:
$$\begin{cases} x+3\geqslant 0, \\ x-2\neq 0, \end{cases}$$

即
$$\begin{cases} x \geqslant -3, \\ x \neq 2. \end{cases}$$

如图 1-1-2 所示,定义域
$$D = [-3, 2) \cup (2, +\infty).$$

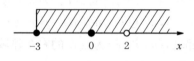

图 1-1-2

例 4　求函数 $y = \dfrac{\sqrt{4-x^2}}{x} + \ln(x+1)$ 的定义域.

解　根据"偶次根式的被开方式应大于等于零"、"对数的真数应大于零"、"分母不为零",可以列式如下:
$$\begin{cases} 4-x^2 \geqslant 0, \\ x \neq 0, \\ x+1 > 0, \end{cases}$$

求解第一个不等式,得 $-2 \leqslant x \leqslant 2$;求解第三个不等式,得 $x > -1$.

如图 1-1-3 所示,定义域为 $D = (-1, 0) \cup (0, 2]$.

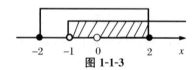

图 1-1-3

2. 函数的奇偶性

定义 2　设函数 $f(x)$ 的定义域 D 关于原点对称,对于任意 $x \in D$,

(1) 恒有 $f(-x) = f(x)$,则称 $f(x)$ 为**偶函数**;

(2) 恒有 $f(-x) = -f(x)$,则称 $f(x)$ 为**奇函数**.

如图 1-1-4 所示,偶函数的图形关于 y 轴对称,奇函数的图形关于原点对称.

例 5　判断函数 $f(x) = x^{10} + 1$ 的奇偶性.

解　因为函数定义域为 $(-\infty, +\infty)$(即关于原点对称),且
$$f(-x) = (-x)^{10} + 1 = x^{10} + 1 = f(x),$$

所以,$f(x)$ 为偶函数.

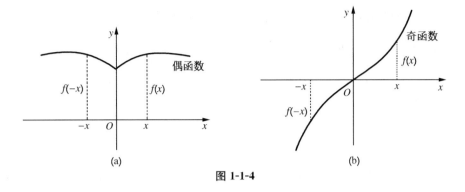

图 1-1-4

例 6 判断函数 $f(x)=\ln(x+\sqrt{x^2+1})$ 的奇偶性.

解 因为函数定义域为 $(-\infty,+\infty)$（即关于原点对称），且

$$f(-x)=\ln(-x+\sqrt{(-x)^2+1})=\ln(-x+\sqrt{x^2+1})$$
$$=\ln\frac{(-x+\sqrt{x^2+1})(x+\sqrt{x^2+1})}{x+\sqrt{x^2+1}}=\ln\frac{1}{x+\sqrt{x^2+1}}$$
$$=-\ln(x+\sqrt{x^2+1})=-f(x).$$

所以，$f(x)$ 为奇函数.

3. 函数的单调性

定义 3 设函数 $f(x)$ 的定义域为 D，区间 $I\subset D$，对于任意 $x_1,x_2\in I$.

当 $x_1<x_2$ 时，有 $f(x_1)<f(x_2)$，则称 $f(x)$ 在 I 上是**单调递增函数**（如图 1-1-5(a)所示）；

当 $x_1<x_2$ 时，有 $f(x_1)>f(x_2)$，则称 $f(x)$ 在 I 上是**单调递减函数**（如图 1-1-5(b)所示）.

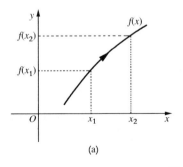
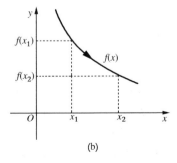

图 1-1-5

例7 判断函数 $f(x)=-\dfrac{1}{x}$ 在 $(0,+\infty)$ 内的单调性.

解 在 $(0,+\infty)$ 内任取 x_1 和 x_2 两数,且 $x_1<x_2$. 由于

$$f(x_1)-f(x_2)=-\dfrac{1}{x_1}-\left(-\dfrac{1}{x_2}\right)=\dfrac{x_1-x_2}{x_1x_2},$$

而

$$x_1-x_2<0,\ x_1\cdot x_2>0,$$

有 $f(x_1)-f(x_2)<0$, 即 $f(x_1)<f(x_2)$. 所以, $f(x)=-\dfrac{1}{x}$ 在 $(0,+\infty)$ 内为增函数.

4. 函数的有界性

定义 4 设函数 $f(x)$ 的定义域为 D, 数集 $I\subset D$, 如果存在一个正数 M, 对任意 $x\in I$, 恒有 $|f(x)|\leqslant M$, 则称函数 $f(x)$ 在 I 上**有界**, 或称 $f(x)$ 为 I 上的**有界函数**; 如果这样的正数 M 不存在, 则称函数 $f(x)$ 在 I 上**无界**, 或称 $f(x)$ 为 I 上的**无界函数**.

从图像来看, 有界函数的图像必介于两条水平直线 $y=M, y=m$ 之间.

如图 1-1-6(a) 所示, $y=x^{-2}$ 在 $(0,+\infty)$ 上单调减少, 在 $(-\infty,0)$ 上单调增加. $y=x^{-2}$ 在其定义域上无界, 但在 $[1,+\infty)$ 上有界.

如图 1-1-6(b) 和 (c) 所示, $y=x^3$, $y=x^{\frac{1}{2}}$ 在各自的定义域上都是单调增加的无界函数. 但在 $[-1,1]$ 上 $y=x^3$ 有界, 而 $y=x^{\frac{1}{2}}$ 在 $[0,1]$ 上也是有界函数.

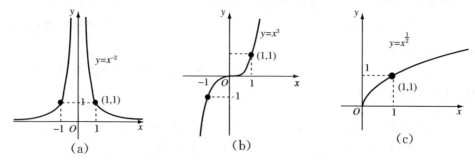

图 1-1-6

例8 判断函数 $f(x)=\sin x$ 在 $(-\infty,+\infty)$ 内的有界性.

解 函数 $f(x)=\sin x$ 在 $(-\infty,+\infty)$ 内, 对于一切 x, 都有 $|\sin x|\leqslant 1$. 所以, 函数 $f(x)=\sin x$ 在 $(-\infty,+\infty)$ 内有界.

例9 判断函数 $f(x)=\ln x$ 在 $(0,+\infty)$ 内的有界性.

解 函数 $f(x)=\ln x$ 在 $(0,+\infty)$ 内, 对于一切 x, 在区间 $(0,+\infty)$ 内不存

在一个正数 M,使得 $|\ln x| \leqslant M$.

所以,函数 $f(x) = \ln x$ 在 $(0, +\infty)$ 内无界.

5. 函数的周期性

定义 5 设函数 $f(x)$ 的定义域为 D,如果存在正数 T,对任意 $x \in D$ 有 $x \pm T \in D$,且 $f(x \pm T) = f(x)$,则称 $f(x)$ 为**周期函数**,T 称为 $f(x)$ 的**周期**(通常指最小正周期).

例 10 下列函数是不是周期函数?若是,求出其周期.

(1) $f(x) = -2\sin x$; (2) $f(x) = 2 + 3\cos x$.

解 (1) $f(x + 2k\pi) = -2\sin(x + 2k\pi) = -2\sin x = f(x)$.

在 $2k\pi(k \in \mathbf{Z})$ 中,2π 是最小正数.

所以,$f(x) = -2\sin x$ 是周期函数,其周期为 2π.

(2) $f(x + 2k\pi) = 2 + 3\cos(x + 2k\pi) = 2 + 3\cos x = f(x)$.

在 $2k\pi(k \in \mathbf{Z})$ 中,2π 为最小正数.

所以,$f(x) = 2 + 3\cos x$ 是周期函数,其周期为 2π.

1.1.3 初等函数

1. 基本初等函数

常数函数、幂函数、指数函数、对数函数、三角函数和反三角函数等 6 类函数是构成初等函数的基础,习惯上称它们为基本初等函数.下面列表对基本初等函数的定义域、值域、图像和特征作简单的介绍(见表 1-1-1).

表 1-1-1

名称	解析式	定义域和值域	图像	主要特征
常数函数	$y = c$ $(c \in \mathbf{R})$	$x \in \mathbf{R}$ $y \in \{c\}$		经过点 $(0, c)$ 的水平直线
幂函数	$y = x^a$ $(a \in \mathbf{R})$	不同的幂函数的定义域不同,但在 $(0, +\infty)$ 内都有定义,故仅作幂函数在第一象限的图像		经过点 $(1, 1)$ 当 $a > 0$ 时,$y = x^a$ 为增函数;当 $a < 0$ 时,$y = x^a$ 为减函数

续 表

名称	解析式	定义域和值域	图像	主要特征
指数函数	$y=a^x$ ($a>0$,且 $a\neq 1$)	$x\in(-\infty,+\infty)$ $y\in(0,+\infty)$		图像在 x 轴上方,都经过点 $(0,1)$ 当 $0<a<1$ 时,$y=a^x$ 是减函数;当 $a>1$ 时,$y=a^x$ 是增函数
对数函数	$y=\log_a x$ ($a>0$,且 $a\neq 1$)	$x\in(0,+\infty)$ $y\in(-\infty,+\infty)$		图像在 y 轴右侧,都经过点 $(1,0)$ 当 $0<a<1$ 时,$y=\log_a x$ 是减函数;当 $a>1$ 时,$y=\log_a x$ 是增函数
三角函数 ($k\in\mathbf{Z}$)	$y=\sin x$	$x\in(-\infty,+\infty)$ $y\in[-1,1]$		奇函数,周期为 2π,有界 在 $\left(2k\pi-\dfrac{\pi}{2},2k\pi+\dfrac{\pi}{2}\right)$ ($k\in\mathbf{Z}$) 内单调增加;在 $\left(2k\pi+\dfrac{\pi}{2},2k\pi+\dfrac{3\pi}{2}\right)$ ($k\in\mathbf{Z}$) 内单调减少
	$y=\cos x$	$x\in(-\infty,+\infty)$ $y\in[-1,1]$		偶函数,周期为 2π,有界 在 $(2k\pi,2k\pi+\pi)$ ($k\in\mathbf{Z}$) 内单调减少;在 $(2k\pi-\pi,2k\pi)$ ($k\in\mathbf{Z}$) 内单调增加
	$y=\tan x$	$x\neq k\pi+\dfrac{\pi}{2}$ ($k\in\mathbf{Z}$) $y\in(-\infty,+\infty)$		奇函数,周期为 π, 在 $\left(k\pi-\dfrac{\pi}{2},k\pi+\dfrac{\pi}{2}\right)$ ($k\in\mathbf{Z}$)内单调增加

续 表

名称	解析式	定义域和值域	图像	主要特征
三角函数 ($k \in \mathbf{Z}$)	$y = \cot x$	$x \neq k\pi (k \in \mathbf{Z})$ $y \in (-\infty, +\infty)$		奇函数,周期为 π,在 $(k\pi, (k+1)\pi)(k \in \mathbf{Z})$ 内单调减少
反三角函数	$y = \arcsin x$	$x \in [-1, 1]$ $y \in \left[-\dfrac{\pi}{2}, \dfrac{\pi}{2}\right]$		奇函数,单调增加,有界
	$y = \arccos x$	$x \in [-1, 1]$ $y \in [0, \pi]$		单调减少,有界
	$y = \arctan x$	$x \in (-\infty, +\infty)$ $y \in \left(-\dfrac{\pi}{2}, \dfrac{\pi}{2}\right)$		奇函数,单调增加,有界
	$y = \mathrm{arccot}\, x$	$x \in (-\infty, +\infty)$ $y \in (0, \pi)$		单调减少,有界

2. 复合函数

定义 6 设 $y=f(u)$ 是 u 的函数,而 $u=\varphi(x)$ 是 x 的函数,如果 $u=\varphi(x)$ 的值域或值域的一部分包含在函数 $y=f(u)$ 的定义域内,则称 $y=f[\varphi(x)]$ 为 x 的**复合函数**,其中 u 是**中间变量**.

注 (1) 不是任意两个函数都可以复合成复合函数,例如,$y=\log_2 u$ 和 $u=-x^2$,前者的定义域是 $(0,+\infty)$,后者的值域是 $(-\infty,0]$,因为后者的值域或值域的一部分不包含在前者定义域内,所以,两者构不成复合函数.

(2) 复合函数可以由两个以上的函数复合而成.

例 11 将下列函数复合成一个函数:

(1) $y=\arctan u$,$u=\lg v$,$v=x-1$; (2) $y=\sqrt{u}$,$u=\cos v$,$v=2^x$.

解 (1) $y=\arctan \lg(x-1)$; (2) $y=\sqrt{\cos 2^x}$.

例 12 指出下列复合函数的复合过程:

(1) $y=\ln \sin x$; (2) $y=\tan \sqrt{1-x^2}$.

解 (1) $y=\ln u$,$u=\sin x$; (2) $y=\tan u$,$u=\sqrt{v}$,$v=1-x^2$.

3. 反函数

定义 7 设函数 $y=f(x)$ 的定义域为 D,值域为 M. 如果对于值域 M 中每一个 y,在 D 中有且只有一个 x 使得 $g(y)=x$,则按此对应法则得到一个定义在 M 上的函数,并把该函数称为 $y=f(x)$ 的反函数,记为 $x=f^{-1}(y)$,$y \in M$.

习惯上,我们用 x 表示自变量,用 y 表示因变量,于是函数 $y=f(x)$ 的反函数通常写成 $y=f^{-1}(x)$.

例 13 求 $y=2x-1$ 的反函数.

解 先从 $y=2x-1$ 解出 x,得

$$x=\frac{1}{2}(y+1).$$

再交换 x 与 y 的位置,得所求反函数为

$$y=\frac{1}{2}(x+1),\ x \in (-\infty,+\infty).$$

4. 初等函数

定义 8 由基本初等函数经过有限次四则运算或有限次复合运算所构成,并可用一个式子表示的函数,称为**初等函数**.

例如,$y=2\sqrt{\ln \cos x}+\dfrac{1}{1+x^2}$ 和 $y=\sin x^2$ 和 $y=\sqrt{\cos \dfrac{\pi}{2}}$ 等都是初等函数.

在高等数学中也会涉及一些非初等函数. 如不能用一个数学表达式表示的分

段函数：
$$y=\begin{cases} x+1, & x<0, \\ 0, & x=0, \\ x-1, & x>0 \end{cases}$$

以及用积分定义的函数 $\Phi(x)=\int_a^x f(t)\mathrm{d}t$ 等.

练习与思考 1-1

1. 求下列函数的定义域：

(1) $f(x)=\dfrac{x}{1-x}$； (2) $y=-\sqrt{x-1}$；

(3) $f(x)=\lg(x+2)+1$.

2. 判断下列函数的奇偶性：

(1) $f(x)=x\cos x$； (2) $f(x)=\ln(x^2+1)$.

3. 下列各对函数 $f(u)$ 与 $g(u)$ 中，哪些可以构成复合函数 $f[g(x)]$？

(1) $y=\sin u$，$u=x+1$； (2) $y=\sqrt{u}$，$u=x^2+3$.

4. 指出下列复合函数的复合过程：

(1) $y=\mathrm{e}^{\sin x}$； (2) $y=\tan^2 x$.

§1.2 函数的极限

极限是研究变量的变化趋势的基本工具，高等数学中的许多基本概念（如连续、导数、定积分等）都是用极限定义的. 极限概念包括极限过程（表现为有限向无限转化）与极限结果（表现为无限又转化为有限）. 极限概念体现了过程与结果、有限与无限、常量与变量、量与质的对立统一关系.

1.2.1 函数极限的概念

函数 $y=f(x)$ 的变化与自变量 x 的变化有关. 只有给出自变量 x 的变化趋向，才能确定在这个变化过程中函数 $f(x)$ 的变化趋势. 下面分两种情况讨论.

1. 自变量趋向无穷大时函数的极限

例 1 当 $x\to\infty$ 时观察下列函数的变化趋势：

(1) $f(x)=1+\dfrac{1}{x}$； (2) $f(x)=\sin x$； (3) $f(x)=x^2$.

解 作出所给函数图形如图 1-2-1 所示.

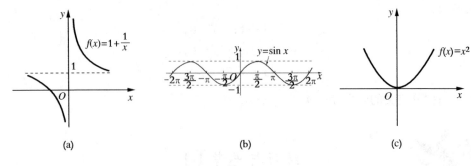

图 1-2-1

(1) 由图 1-2-1(a)可以看出,当 $x \to +\infty$ 时 $f(x)$ 从大于 1 而趋近于 1,当 $x \to -\infty$ 时 $f(x)$ 从小于 1 而趋近于 1,即 $x \to \infty$ 时 $f(x)$ 趋近于一个确定常数 1.

(2) 由图 1-2-1(b)可以看出,不论 $x \to +\infty$ 或 $x \to -\infty$ 时,$f(x)$ 的值在 -1 和 1 之间波动,不趋于一个常数.

(3) 由图 1-2-1(c)可以看出,不论 $x \to +\infty$ 或 $x \to -\infty$ 时,$f(x)$ 的值都无限增大,不趋于一个常数.

例 1 表明,$x \to \infty$ 时 $f(x)$ 的变化趋势有 3 种:一是趋于确定的常数,二是在某区间之间振荡,三是趋于无穷大. 第一种称为 $f(x)$ 有极限,第二和第三种称 $f(x)$ 没有极限.

定义 1 如果 $|x|$ 无限增大时,函数 $f(x)$ 的值无限趋近于常数 A,则称常数 A 为函数 $f(x)$ 当 $x \to \infty$ 时的极限,记作

$$\lim_{x \to \infty} f(x) = A \text{ 或 } f(x) \to A (x \to \infty).$$

如果在上述定义中,限制 x 往正方向变化或往负方向变化,即有

$$\lim_{x \to +\infty} f(x) = A \text{ 或 } \lim_{x \to -\infty} f(x) = A,$$

则称常数 A 为 $f(x)$ 当 $x \to +\infty$ 或 $x \to -\infty$ 时的极限,且可以得到下面的定理:

定理 1 极限 $\lim\limits_{x \to \infty} f(x) = A$ 的充分必要条件是 $\lim\limits_{x \to +\infty} f(x) = \lim\limits_{x \to -\infty} f(x) = A$.

例 2 讨论下列极限是否存在:

(1) $\lim\limits_{x \to \infty} \sin \dfrac{1}{x}$; (2) $\lim\limits_{x \to \infty} \arctan x$.

解 (1) 因为当 $|x|$ 无限增加时,$\dfrac{1}{x}$ 无限接近于 0,即函数 $\sin \dfrac{1}{x}$ 无限接近于 0,所以,

$$\lim_{x \to \infty} \sin \dfrac{1}{x} = 0.$$

(2) 观察函数 $y = \arctan x$ 的图形(见表 1-1-1),可以看出当 $x \to +\infty$ 时,y 无

限接近于 $\frac{\pi}{2}$；当 $x \to -\infty$ 时，y 无限接近于 $-\frac{\pi}{2}$. 即有 $\lim\limits_{x \to +\infty} \arctan x = \frac{\pi}{2}$，$\lim\limits_{x \to -\infty} \arctan x = -\frac{\pi}{2}$. 因为 $\lim\limits_{x \to +\infty} \arctan x \neq \lim\limits_{x \to -\infty} \arctan x$，所以，$\lim\limits_{x \to \infty} \arctan x$ 不存在.

中学里已学过的数列极限 $\lim\limits_{n \to \infty} f(n) = A$，与函数极限 $\lim\limits_{x \to +\infty} f(x) = A$ 有什么关系呢？由于在数列极限 $n \to \infty$ 的过程中的 n 是正整数，而在函数极限 $x \to +\infty$ 的过程中，是指 x 取正实数的情况，所以说 $n \to \infty$ 是 $x \to +\infty$ 的特殊情况，数列极限 $\lim\limits_{n \to \infty} f(n) = A$ 是极限 $\lim\limits_{x \to +\infty} f(x) = A$ 的特殊情况，即有下面的定理：

定理 2 若 $\lim\limits_{x \to +\infty} f(x) = A$，则 $\lim\limits_{n \to \infty} f(n) = A$.

例如，由 $\lim\limits_{x \to +\infty} \frac{1}{2^x} = 0$，有 $\lim\limits_{n \to \infty} \frac{1}{2^n} = 0$.

2. 自变量趋向有限值时函数的极限

例 3 考察当 $x \to 0$ 时，函数 $f(x) = x^2 - 1$ 的变化趋势.

解 如图 1-2-2(a) 所示，当 x 无限趋向于 0 时，$f(x) = x^2 - 1$ 无限趋近于 -1.

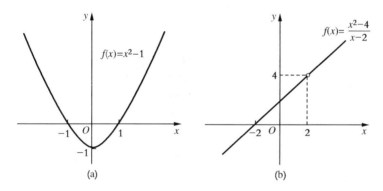

图 1-2-2

例 4 考察当 $x \to 2$ 时，函数 $f(x) = \frac{x^2 - 4}{x - 2}$ 的变化趋势.

解 如图 1-2-2(b) 所示，虽然函数 $f(x) = \frac{x^2 - 4}{x - 2}$ 在 $x = 2$ 处无定义，但是当 x 无论从左边还是右边无限趋向于 2 时，函数 $f(x) = \frac{x^2 - 4}{x - 2}$ 无限趋近于 4.

从例 3 和例 4 可以看到，当 $x \to x_0$ 时函数的变化趋势与函数 $f(x)$ 在 $x = x_0$ 处是否有定义无关.

定义 2 设函数 $f(x)$ 在点 x_0 的某一去心邻域 $\mathring{U}(x_0, \delta)$ 内有定义，当 x 无限趋

向于 x_0 时,如果函数 $f(x)$ 无限趋近于常数 A,则称常数 A 为函数 $f(x)$ 当 $x \to x_0$ 时的极限,记作 $\lim\limits_{x \to x_0} f(x) = A$ 或 $f(x) \to A(x \to x_0)$.

根据定义,容易得出下面的结论:
$$\lim_{x \to x_0} C = C(C \text{ 为常数}), \quad \lim_{x \to x_0} x = x_0.$$

在定义 2 中,$x \to x_0$ 是指自变量 x 从 x_0 的左右两侧同时趋向于 x_0. 在研究某些函数极限问题时,有时仅需考虑从某一侧趋向于 x_0 的情况.

定义 3 当自变量 x 从 x_0 的左侧(或右侧)无限趋向于 x_0 时,函数 $f(x)$ 无限趋近于常数 A,则称 A 为函数 $f(x)$ 在点 x_0 处的**左极限**(或**右极限**),记作
$$\lim_{x \to x_0^-} f(x) = A \text{ 或 } \lim_{x \to x_0^+} f(x) = A,$$
简记为
$$f(x_0 - 0) = A \text{ 或 } f(x_0 + 0) = A.$$

如图 1-2-3 所示,列出了 $x \to x_0$ 时 $f(x)$ 的极限不存在的 3 种情况:

(1) 当 $x \to 0$ 时,左右极限存在而不相等;

(2) 当 $x \to 0$ 时,$f(x)$ 的值总在 1 与 -1 之间无穷次振荡而不趋向确定的值;

(3) 当 $x \to 0$ 时,函数 $|f(x)|$ 无限变大.

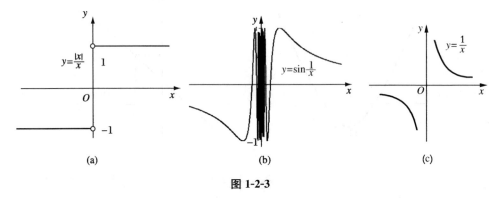

图 1-2-3

由定义 2 和定义 3 可以得到下面的定理:

定理 3 $\lim\limits_{x \to x_0} f(x) = A$ 的充分必要条件是 $\lim\limits_{x \to x_0^-} f(x) = \lim\limits_{x \to x_0^+} f(x) = A$.

左、右极限主要用于讨论分段函数分段点处的极限情况.

例 5 设

(1) $f(x) = \begin{cases} x, & x \geq 0, \\ 1-x, & x < 0, \end{cases}$ 　　(2) $f(x) = \begin{cases} 1+x, & x > 0, \\ 1-x, & x < 0, \end{cases}$

求 $\lim\limits_{x \to 0} f(x)$.

解 (1) 因为 $\lim\limits_{x\to 0^-}f(x)=\lim\limits_{x\to 0^-}(1-x)=1$，$\lim\limits_{x\to 0^+}f(x)=\lim\limits_{x\to 0^+}x=0$，即
$$\lim_{x\to 0^-}f(x)\ne \lim_{x\to 0^+}f(x),$$
所以，$\lim\limits_{x\to 0}f(x)$ 不存在.

(2) 因为 $\lim\limits_{x\to 0^-}f(x)=\lim\limits_{x\to 0^-}(1-x)=1$，$\lim\limits_{x\to 0^+}f(x)=\lim\limits_{x\to 0^+}(1+x)=1$，即
$$\lim_{x\to 0^-}f(x)=\lim_{x\to 0^+}f(x)=1,$$
所以，
$$\lim_{x\to 0}f(x)=1.$$

1.2.2 极限的性质

利用极限的定义,可以得到函数极限的一些重要性质.

性质 1(唯一性) 若极限 $\lim\limits_{x\to x_0}f(x)$ 存在,则其极限是唯一的.

性质 2(有界性) 若极限 $\lim\limits_{x\to x_0}f(x)$ 存在,则函数 $f(x)$ 必在 x_0 的某个去心邻域 $\mathring{U}(x_0,\delta)$ 内有界,即 $|f(x)|\leqslant M$(常数 $M>0$).

性质 3(保号性) 若 $\lim\limits_{x\to x_0}f(x)=A$,且 $A>0$(或 $A<0$),则在 x_0 的某个去心邻域内恒有 $f(x)>0$(或 $f(x)<0$).

推论 若 $\lim\limits_{x\to x_0}f(x)=A$,且在 x_0 的某个去心邻域内恒有 $f(x)\geqslant 0$(或 $f(x)\leqslant 0$),则有 $A\geqslant 0$(或 $A\leqslant 0$).

练习与思考 1-2

1. 观察当 $x\to 1$ 时,函数 $f(x)=3x-1$ 的极限.
2. 观察 $x\to \infty$ 时,函数 $f(x)=\dfrac{1}{x}$ 时的极限.
3. 设函数
$$f(x)=\begin{cases}x, & x<3,\\ 3x-1, & x\geqslant 3,\end{cases}$$
讨论 $x\to 3$ 时函数 $f(x)$ 的左、右极限.

§1.3 极限的运算

§1.2节讨论了极限的概念,它描述了在自变量 x 无限变化过程($x\to \infty$ 或

$x \to x_0$)中,函数 $f(x)$ 的无限变化趋势. 本节开始讨论极限的运算(在§1.4、§1.5 及§3.4节中还有讨论).

1.3.1 极限的运算法则

因为初等函数是由基本初等函数经过有限次四则运算与复合运算构成的,所以要计算初等函数极限,就需要掌握函数四则运算的极限法则与复合函数的极限法则.

法则 1(函数四则运算极限法则) 设 $\lim\limits_{x \to x_0} f(x) = A$,$\lim\limits_{x \to x_0} g(x) = B$,则有

(1) $\lim\limits_{x \to x_0}[f(x) \pm g(x)] = \lim\limits_{x \to x_0} f(x) \pm \lim\limits_{x \to x_0} g(x) = A \pm B$(可推广到有限个函数);

(2) $\lim\limits_{x \to x_0}[f(x) \cdot g(x)] = \lim\limits_{x \to x_0} f(x) \cdot \lim\limits_{x \to x_0} g(x) = A \cdot B$(可推广到有限个函数),特例

$$\lim\limits_{x \to x_0}[Cf(x)] = C \lim\limits_{x \to x_0} f(x) = C \cdot A \quad (C \text{ 为常数});$$

(3) $\lim\limits_{x \to x_0} \dfrac{f(x)}{g(x)} = \dfrac{\lim\limits_{x \to x_0} f(x)}{\lim\limits_{x \to x_0} g(x)} = \dfrac{A}{B}$(要求 $B \neq 0$).

注 当 x 以其他方式变化时(如 $x \to \infty$ 等),相应的结论仍成立.

例 1 求 $\lim\limits_{x \to 1} \dfrac{2x^3 + x - 5}{3x^2 + 2x}$ 和 $\lim\limits_{x \to 2}\left(3x^2 - x\mathrm{e}^x + \dfrac{x}{x+1}\right)$.

解 (1) 因为

$$\lim\limits_{x \to 1}(2x^3 + x - 5) = 2 \times 1^3 + 1 - 5 = -2,$$
$$\lim\limits_{x \to 1}(3x^2 + 2x) = 3 \times 1^2 + 2 \times 1 = 5 \neq 0,$$

所以,

$$\text{原式} = \dfrac{\lim\limits_{x \to 1}(2x^3 + x - 5)}{\lim\limits_{x \to 1}(3x^2 + 2x)} = -\dfrac{2}{5}.$$

(2) 由于 $3x^2 - x\mathrm{e}^x + \dfrac{x}{x+1}$ 中各项的极限都存在,因此按法则1,有

$$\lim\limits_{x \to 2}\left(3x^2 - x\mathrm{e}^x + \dfrac{x}{x+1}\right) = 3\lim\limits_{x \to 2} x^2 - \lim\limits_{x \to 2} x \cdot \lim\limits_{x \to 2} \mathrm{e}^x + \dfrac{\lim\limits_{x \to 2} x}{\lim\limits_{x \to 2}(x+1)}$$

第 1 章　函数与极限

$$= 3 \cdot 2^2 - 2 \cdot e^2 + \frac{2}{2+1} = \frac{38}{3} - 2e^2.$$

注　不难证明：对有理函数（多项式及多项式之商）求 $x \to x_0$ 时的极限，只需将 x_0 代入有理式中，但要求分母的极限不为零．

例 2　求 $\lim\limits_{x \to 1} \dfrac{x-1}{x^2-1}$ 和 $\lim\limits_{x \to 3} \dfrac{x^2-5x+6}{x^2-9}$．

解　(1) 由于 $\dfrac{x-1}{x^2-1}$ 中的分母趋于 0，不满足法则 1 的条件．但可先进行变形，使条件满足后再用法则 1，

$$\lim_{x \to 1} \frac{x-1}{x^2-1} = \lim_{x \to 1} \frac{x-1}{(x+1)(x-1)} = \lim_{x \to 1} \frac{1}{x+1} = \frac{1}{\lim\limits_{x \to 1}(x+1)} = \frac{1}{2}.$$

(2) 当 $x \to 3$ 时，分母为零，原式无意义，即需 $x \ne 3$.

首先进行变形：

$$\frac{x^2-5x+6}{x^2-9} = \frac{(x-2)(x-3)}{(x+3)(x-3)} = \frac{x-2}{x+3},$$

然后利用四则运算进行计算，即

$$\lim_{x \to 3} \frac{x-2}{x+3} = \frac{\lim\limits_{x \to 3}(x-2)}{\lim\limits_{x \to 3}(x+3)} = \frac{1}{6}.$$

计算函数极限，有时需作适当变形（如因式分解、根式有理化、约分、通分、分子分母同除以一个变量等）后才能套用上述法则．

例 3　求 $\lim\limits_{x \to 0} \dfrac{\sqrt{x+4}-2}{x}$ 和 $\lim\limits_{x \to 1}\left(\dfrac{1}{x-1} - \dfrac{2}{x^2-1}\right)$．

解　
$$\lim_{x \to 0} \frac{\sqrt{x+4}-2}{x} = \lim_{x \to 0} \frac{(\sqrt{x+4}-2)(\sqrt{x+4}+2)}{x(\sqrt{x+4}+2)} = \lim_{x \to 0} \frac{x}{x(\sqrt{x+4}+2)}$$

$$= \frac{1}{\lim\limits_{x \to 0}\sqrt{x+4}+2} = \frac{1}{4};$$

$$\lim_{x \to 1}\left(\frac{1}{x-1} - \frac{2}{x^2-1}\right) = \lim_{x \to 1} \frac{(x+1)-2}{(x+1)(x-1)} = \lim_{x \to 1} \frac{x-1}{(x+1)(x-1)} = \frac{1}{2}.$$

法则 2（复合函数的极限法则）　设 $y = f[g(x)]$ 是由 $y = f(u)$ 及 $u = g(x)$ 复合而成．如果 $\lim\limits_{x \to x_0} g(x) = u_0, \lim\limits_{u \to u_0} f(u) = f(u_0)$，且 $g(x_0) = u_0$，则

$$\lim_{x \to x_0} f[g(x)] = f[\lim_{x \to x_0} g(x)].$$

上述法则表明，只要满足法则中的条件，极限运算、函数的四则（复合）运算可

以交换次序.

例 4 求 $\lim\limits_{x\to 0}\sqrt{x^2-2x+3}$ 和 $\lim\limits_{x\to\frac{\pi}{4}}\sqrt{\tan x}$.

解 上述两式满足法则 2 的条件,因此按法则 2,有

$$\lim_{x\to 0}\sqrt{x^2-2x+3}=\sqrt{\lim_{x\to 0}(x^2-2x+3)}=\sqrt{3};$$

$$\lim_{x\to\frac{\pi}{4}}\sqrt{\tan x}=\sqrt{\lim_{x\to\frac{\pi}{4}}\tan x}=\sqrt{\tan\frac{\pi}{4}}=\sqrt{1}=1.$$

例 5 求 $\lim\limits_{x\to\infty}\dfrac{x^2+4}{x^2}$ 和 $\lim\limits_{x\to\infty}\dfrac{3x^2+4}{2x^2-3x+5}$.

解 上述两式分子、分母极限都不存在,不能直接用法则 1.将两式变形后,再用法则 1 求极限.

$$\lim_{x\to\infty}\frac{x^2+4}{x^2}=\lim_{x\to\infty}\left(1+\frac{4}{x^2}\right)=1;$$

$$\lim_{x\to\infty}\frac{3x^2+4}{2x^2-3x+5}=\lim_{x\to\infty}\frac{\frac{3x^2+4}{x^2}}{\frac{2x^2-3x+5}{x^2}}=\lim_{x\to\infty}\frac{3+\frac{4}{x^2}}{2-\frac{3}{x}+\frac{5}{x^2}}=\frac{\lim\limits_{x\to\infty}\left(3+\frac{4}{x^2}\right)}{\lim\limits_{x\to\infty}\left(2-\frac{3}{x}+\frac{5}{x^2}\right)}$$

$$=\frac{3}{2}.$$

1.3.2 两个重要极限

上述极限法则为计算函数极限提供了方便,但也有局限性.例如,$\lim\limits_{x\to 0}\dfrac{\sin x}{x}$ 和 $\lim\limits_{x\to\infty}\left(1+\dfrac{1}{x}\right)^x$ 就不能用该法则计算,为此需进行讨论.

1. 重要极限(一)

$$\lim_{x\to 0}\frac{\sin x}{x}=1\ (x\text{ 以弧度为单位}). \qquad ①$$

列表 1-3-1,观察 $x\to 0$ 时 $\dfrac{\sin x}{x}$ 的变化趋势,易于看出该结论的正确性.

第 1 章　函数与极限

表 1-3-1

x（弧度）	±0.5	±0.1	±0.05	±0.01	⋯	→0
$\dfrac{\sin x}{x}$	0.958 86	0.998 33	0.999 58	0.999 98	⋯	→1

该极限表明：当 $x \to 0$ 时，虽然分子、分母都趋于 0，但它们的比值却趋近于 1. 但 x 必须以弧度为单位，否则（如以角度为单位）则该极限不等于 1.

例 6　求 $\lim\limits_{x\to 0}\dfrac{\tan x}{x}$ 和 $\lim\limits_{x\to 0}\dfrac{x+2\sin x}{3x+4\tan x}$.

解　$\lim\limits_{x\to 0}\dfrac{\tan x}{x}=\lim\limits_{x\to 0}\left(\dfrac{\sin x}{x}\cdot\dfrac{1}{\cos x}\right)=\lim\limits_{x\to 0}\dfrac{\sin x}{x}\cdot\lim\limits_{x\to 0}\dfrac{1}{\cos x}=1$；

$$\lim_{x\to 0}\dfrac{x+2\sin x}{3x+4\tan x}=\lim_{x\to 0}\dfrac{1+2\dfrac{\sin x}{x}}{3+4\dfrac{\tan x}{x}}=\dfrac{\lim\limits_{x\to 0}\left(1+2\dfrac{\sin x}{x}\right)}{\lim\limits_{x\to 0}\left(3+4\dfrac{\tan x}{x}\right)}$$

$$=\dfrac{1+2\lim\limits_{x\to 0}\dfrac{\sin x}{x}}{3+4\lim\limits_{x\to 0}\dfrac{\tan x}{x}}=\dfrac{1+2}{3+4}=\dfrac{3}{7}.$$

例 7　求 $\lim\limits_{x\to 0}\dfrac{\sin 5x}{x}$ 和 $\lim\limits_{x\to 0}\dfrac{1-\cos x}{x^2}$.

解　对于第一式，令 $5x=u$，有 $x=\dfrac{u}{5}$，且 $x\to 0$ 时，$u\to 0$，则按①式有

$$\lim_{x\to 0}\dfrac{\sin 5x}{x}=\lim_{u\to 0}\dfrac{\sin u}{\dfrac{u}{5}}=\lim_{u\to 0}5\dfrac{\sin u}{u}=5\lim_{u\to 0}\dfrac{\sin u}{u}=5.$$

把计算过程中的 u 省略，可表示成下列的"计算格式"：

$$\lim_{x\to 0}\dfrac{\sin 5x}{x}=\lim_{x\to 0}\left(\dfrac{\sin 5x}{5x}\cdot 5\right)=5\lim_{x\to 0}\dfrac{\sin 5x}{5x}=5.$$

对于第二式，先用倍角公式变形，再用复合函数极限法则，并套用①式得

$$\lim_{x\to 0}\dfrac{1-\cos x}{x^2}=\lim_{x\to 0}\dfrac{2\sin^2\dfrac{x}{2}}{x^2}=\lim_{x\to 0}\left[\dfrac{\sin\dfrac{x}{2}}{\dfrac{x}{2}}\right]^2\cdot\dfrac{1}{2}$$

$$=\left[\lim_{x\to 0}\dfrac{\sin\dfrac{x}{2}}{\dfrac{x}{2}}\right]^2\cdot\dfrac{1}{2}=1\cdot\dfrac{1}{2}=\dfrac{1}{2}.$$

2. 重要极限(二)

$$\lim_{x\to\infty}\left(1+\frac{1}{x}\right)^x = e. \qquad ②$$

先看 x 取正整数的情况：$\lim\limits_{n\to\infty}\left(1+\frac{1}{n}\right)^n$. 列表 1-3-2，观察 $n\to\infty$ 时 $\left(1+\frac{1}{n}\right)^n$ 的变化趋势.

表 1-3-2

n	1	2	10	100	1 000	10 000	100 000	……
$\left(1+\frac{1}{n}\right)^n$	2.000 000	2.250 000	2.593 742	2.704 814	2.716 924	2.718 146	2.718 268	……

由表 1-3-2 中数字可以看出，当 n 不断增大时，$\left(1+\frac{1}{n}\right)^n$ 的值也不断增大，但增大的速度越来越慢：当 $n>100$ 时，$\left(1+\frac{1}{n}\right)^n$ 的前两位数 2.7 就不再改变；当 $n>1\,000$ 时，$\left(1+\frac{1}{n}\right)^n$ 的前三位数 2.71 就不再改变；当 $n>10\,000$ 时，$\left(1+\frac{1}{n}\right)^n$ 的前四位数 2.718 就不再改变. 可以证明，当 n 无限增大时，$\left(1+\frac{1}{n}\right)^n$ 就无限趋近一个常数，通常用字母 e 表示这个常数，即

$$\lim_{n\to\infty}\left(1+\frac{1}{n}\right)^n = e.$$

这个 e 就是自然对数的底，许多自然现象都需要用它来表达. 可算得
$$e = 2.718\,281\,828\,459\,045\cdots.$$

以上结论，对 x 取任意实数也成立，即

$$\lim_{x\to\infty}\left(1+\frac{1}{x}\right)^x = e.$$

例 8 求 $\lim\limits_{x\to\infty}\left(1+\frac{2}{x}\right)^x$ 和 $\lim\limits_{x\to 0}(1+x)^{\frac{1}{x}}$.

解 对于第一式，令 $\frac{2}{x}=\frac{1}{u}$，有 $x=2u$，且 $x\to\infty$ 时，$u\to\infty$. 按复合函数极限法则及②式，有

$$\lim_{x\to\infty}\left(1+\frac{2}{x}\right)^x = \lim_{u\to\infty}\left(1+\frac{1}{u}\right)^{2u} = \left[\lim_{u\to\infty}\left(1+\frac{1}{u}\right)^u\right]^2 = e^2,$$

也可表示成下列"计算格式"：

$$\lim_{x\to\infty}\left(1+\frac{2}{x}\right)^x = \lim_{x\to\infty}\left(1+\frac{1}{\frac{x}{2}}\right)^{\frac{x}{2}\cdot 2} = \left[\lim_{x\to\infty}\left(1+\frac{1}{\frac{x}{2}}\right)^{\frac{x}{2}}\right]^2 = e^2.$$

对于第二式,令 $x=\dfrac{1}{u}$,有 $u=\dfrac{1}{x}$,且 $x\to 0$ 时,$u\to\infty$,则按②式,有

$$\lim_{x\to 0}(1+x)^{\frac{1}{x}}=\lim_{u\to\infty}\left(1+\dfrac{1}{u}\right)^u=\mathrm{e},$$

该结论可作公式使用.

例9 将本金 A_0 存入银行,设年利率为 r,试计算连续复利.

解 根据已知条件,如果按一年计算一次利息,则

$$\text{一年后本金与利息和}=A_0+A_0 r=A_0(1+r);$$

如果按半年计算一次利息$\left(\text{这时半年利率为}\dfrac{r}{2}\right)$,则

$$\text{一年后本金与利息和}=A_0\left(1+\dfrac{r}{2}\right)+A_0\left(1+\dfrac{r}{2}\right)\cdot\dfrac{r}{2}=A_0\left(1+\dfrac{r}{2}\right)^2;$$

如果按一年计算利息 n 次$\left(\text{这时每次利率为}\dfrac{r}{n}\right)$,则

$$\text{一年后本金与利息和}=A_0\left(1+\dfrac{r}{n}\right)^n.$$

当计算复利次数无限增大(即 $n\to\infty$)时,上式的极限就称为连续复利.利用②式可得

$$\text{一年后本金与利息和}=\lim_{n\to\infty}A_0\left(1+\dfrac{r}{n}\right)^n=A_0\lim_{n\to\infty}\left(1+\dfrac{1}{\dfrac{n}{r}}\right)^{\frac{n}{r}\cdot r}$$

$$=A_0\left[\lim_{n\to\infty}\left(1+\dfrac{1}{\dfrac{n}{r}}\right)^{\frac{n}{r}}\right]^r=A_0\mathrm{e}^r.$$

练习与思考 1-3

1. 计算下列极限:

(1) $\lim\limits_{x\to 1}\dfrac{x^2-1}{x-1}$;

(2) $\lim\limits_{x\to 2}\left(\dfrac{1}{x-2}-\dfrac{4}{x^2-4}\right)$;

(3) $\lim\limits_{x\to\infty}\dfrac{3x^2-7x+1}{5x^2+2x-3}$;

(4) $\lim\limits_{x\to\infty}\left(1+\dfrac{1}{x}\right)$.

2. 计算下列极限:

(1) $\lim\limits_{x\to 1}\dfrac{\sin(1-x)}{1-x^2}$;

(2) $\lim\limits_{x\to\infty}\left(1-\dfrac{1}{x}\right)^x$;

(3) $\lim\limits_{x\to\infty}\left(1+\dfrac{1}{2x}\right)^x$.

§1.4 无穷小及其比较

1.4.1 无穷小与无穷大

1. 无穷小

定义 1 如果当 $x \to x_0$(或 $x \to \infty$)时,函数 $f(x)$ 的极限为零,即 $\lim\limits_{x \to x_0} f(x) = 0$(或者 $\lim\limits_{x \to \infty} f(x) = 0$),则称函数 $f(x)$ 当 $x \to x_0$(或 $x \to \infty$)时为**无穷小**.

例如,因为 $\lim\limits_{x \to 1}(\sqrt{x} - 1) = 0$,所以,函数 $f(x) = \sqrt{x} - 1$ 当 $x \to 1$ 时为无穷小.

又如,因为 $\lim\limits_{x \to \infty} \dfrac{1}{x^2 + 1} = 0$,所以,函数 $f(x) = \dfrac{1}{x^2 + 1}$ 当 $x \to \infty$ 时为无穷小.

注 (1) 一个很小的正数(例如百万分之一)不是无穷小,因为不管 x 在什么趋向下,它总不会趋近于 0;

(2) 函数 $f(x) = 0$ 是无穷小,因为不管 x 在什么趋向下,它的极限是零;

(3) 一个函数是否是无穷小,还必须考虑自变量的变化趋向. 例如,$\lim\limits_{x \to 1}(\sqrt{x} - 1) = 0$,而 $\lim\limits_{x \to 4}(\sqrt{x} - 1) = 1$,所以,$f(x) = \sqrt{x} - 1$ 当 $x \to 1$ 时为无穷小,$x \to 4$ 时不为无穷小.

无穷小具有下面的性质:

性质 1 有限个无穷小的和(差、积)仍是无穷小.

性质 2 有界函数与无穷小的乘积仍是无穷小.

推论 常数与无穷小的乘积为无穷小.

例 1 设函数 $f(x) = \dfrac{2x^2 + 1}{x^2}$,求 $\lim\limits_{x \to \infty} f(x)$.

解 因为 $f(x) = \dfrac{2x^2 + 1}{x^2} = 2 + \dfrac{1}{x^2}$,又因为 $\lim\limits_{x \to \infty} \dfrac{1}{x^2}$ 为无穷小. 所以,

$$\lim_{x \to \infty} f(x) = \lim_{x \to \infty} \left(2 + \dfrac{1}{x^2}\right) = 2 + \lim_{x \to \infty} \dfrac{1}{x^2} = 2.$$

例 2 证明 $\lim\limits_{x \to \infty} \dfrac{\sin x}{x} = 0$.

证明 由 $\lim\limits_{x \to \infty} \dfrac{1}{x} = 0$,且 $|\sin x| \leqslant 1$($\sin x$ 为有界函数),根据性质 2,有

$$\lim_{x \to \infty} \dfrac{\sin x}{x} = 0.$$

2. 无穷大

定义 2　如果当 $x \to x_0$（或 $x \to \infty$）时,函数 $f(x)$ 的绝对值 $|f(x)|$ 无限增大,则称函数 $f(x)$ 当 $x \to x_0$（或 $x \to \infty$）时为**无穷大**,记为

$$\lim_{\substack{x \to x_0 \\ (x \to \infty)}} f(x) = \infty.$$

例如,如图 1-4-1(a) 所示的函数 $f(x) = \dfrac{1}{x-1}$,因为当 $x \to 1$ 时,$\left|\dfrac{1}{x-1}\right|$ 无限地增大,所以,$\lim\limits_{x \to 1} \dfrac{1}{x-1} = \infty$. 又如,如图 1-4-1(b) 所示的函数 $f(x) = \tan x$,因为当 $x \to \dfrac{\pi}{2}$ 时,$|\tan x|$ 无限地增大,所以 $\lim\limits_{x \to \frac{\pi}{2}} \tan x = \infty$.

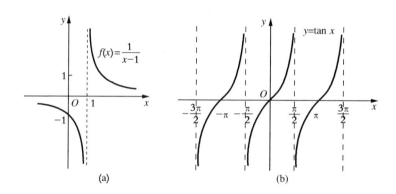

图 1-4-1

注　(1) 再大的正数（如 $10^{1\,000}$）都不会无限增大,不是无穷大;

(2) $\lim\limits_{\substack{x \to x_0 \\ (x \to \infty)}} f(x) = \infty$,借用了极限记号表示函数变化趋势,此时函数 $f(x)$ 的极限不存在.

在同一变化过程中,无穷小与无穷大之间有如下关系:

定理 1　如果 $\lim\limits_{\substack{x \to x_0 \\ (x \to \infty)}} f(x) = \infty$,则 $\lim\limits_{\substack{x \to x_0 \\ (x \to \infty)}} \dfrac{1}{f(x)} = 0$;如果 $\lim\limits_{\substack{x \to x_0 \\ (x \to \infty)}} f(x) = 0$,且 $f(x) \neq 0$,则

$$\lim_{\substack{x \to x_0 \\ (x \to \infty)}} \dfrac{1}{f(x)} = \infty.$$

上述定理表明,非零无穷小与无穷大互为倒数关系. 例如,因为 $\lim\limits_{x \to 1} \ln x = 0$,所以,

$$\lim_{x \to 1} \dfrac{1}{\ln x} = \infty.$$

例3 已知函数 $f(x) = \dfrac{1}{x-1}$,求 $\lim\limits_{x \to 1} f(x)$.

解 因为 $\lim\limits_{x \to 1}(x-1) = 1-1 = 0$,所以, $\lim\limits_{x \to 1}\dfrac{1}{x-1} = \infty$.

1.4.2 无穷小与极限的关系

因为无穷小是极限为零的函数,所以,无穷小与函数极限有着如下关系:

定理2 $\lim\limits_{\substack{x \to x_0 \\ (x \to \infty)}} f(x) = A$ 的充要条件是 $f(x) = A + \alpha(x)$,其中 $\alpha(x)$ 当 $x \to x_0$ (或 $x \to \infty$)时为无穷小.

例如,极限 $\lim\limits_{x \to \infty} \dfrac{2x+1}{x} = 2$,其中函数 $f(x) = \dfrac{2x+1}{x}$,极限值 $A = 2$. 显然 $\alpha(x) = f(x) - A = \dfrac{2x+1}{x} - 2 = \dfrac{1}{x}$,当 $x \to \infty$ 时为无穷小.

1.4.3 无穷小的比较与阶

根据无穷小的性质可知,两个无穷小的和、差、积仍是无穷小,但是两个无穷小的商将出现不同的情况. 例如当 $x \to 0$ 时,函数 x^2, $2x$, $\sin x$ 都是无穷小,但是

$$\lim_{x \to 0} \frac{x^2}{2x} = \lim_{x \to 0} \frac{x}{2} = 0;$$

$$\lim_{x \to 0} \frac{2x}{x^2} = \lim_{x \to 0} \frac{2}{x} = \infty;$$

$$\lim_{x \to 0} \frac{\sin x}{2x} = \frac{1}{2} \lim_{x \to 0} \frac{\sin x}{x} = \frac{1}{2}.$$

这说明 $x^2 \to 0$ 比 $2x \to 0$ "快些",或者反过来说 $2x \to 0$ 比 $x^2 \to 0$ "慢些",而 $\sin x \to 0$ 与 $2x \to 0$ "快"、"慢"相差不多. 由此可见,无穷小虽然都是以零为极限的函数,但是它们趋向于零的速度不一样. 为了反映无穷小趋向于零的快、慢程度,我们引进无穷小阶的概念.

定义3 设 $\lim\limits_{x \to x_0} \alpha(x) = 0$, $\lim\limits_{x \to x_0} \beta(x) = 0$.

(1) 如果 $\lim\limits_{x \to x_0} \dfrac{\beta(x)}{\alpha(x)} = 0$,则称当 $x \to x_0$ 时 $\beta(x)$ 是比 $\alpha(x)$ **高阶的无穷小**,记作 $\beta(x) = o(\alpha(x))$;

(2) 如果 $\lim\limits_{x \to x_0} \dfrac{\beta(x)}{\alpha(x)} = \infty$,则称当 $x \to x_0$ 时 $\beta(x)$ 是比 $\alpha(x)$ **低阶的无穷小**;

(3) 如果 $\lim\limits_{x \to x_0} \dfrac{\beta(x)}{\alpha(x)} = C \neq 0$,则称当 $x \to x_0$ 时 $\beta(x)$ 与 $\alpha(x)$ 为**同阶的无穷小**.

特别地,当常数 $C=1$ 时,称 $\beta(x)$ 与 $\alpha(x)$ 为**等价无穷小**,记作 $\beta(x) \sim \alpha(x)$.

例如,由 $\lim\limits_{x \to 0} \dfrac{x^2}{2x} = 0$ 得 $x^2 = o(2x)(x \to 0)$;由 $\lim\limits_{x \to 0} \dfrac{\sin x}{x} = 1$,得 $\sin x \sim x (x \to 0)$.

又如,$\lim\limits_{x \to 1} \dfrac{x-1}{x^2-1} = \dfrac{1}{2}$,所以,$x-1$ 与 x^2-1 为 $x \to 1$ 时的同阶无穷小.

可以证明:当 $x \to 0$ 时,有下列各组等价无穷小:

$$\sin x \sim x, \ \tan x \sim x, \ 1 - \cos x \sim \dfrac{x^2}{2}, \ \arctan x \sim x,$$

$$\arcsin x \sim x, \ \mathrm{e}^x - 1 \sim x, \ \ln(1+x) \sim x, \ (1+x)^2 - 1 \sim 2x.$$

类似地,$(1+x)^a - 1 \sim ax$.

定理 3 设 $x \to x_0$ 时,$\alpha(x) \sim \alpha^*(x)$,$\beta(x) \sim \beta^*(x)$,且 $\lim\limits_{x \to x_0} \dfrac{\beta^*(x)}{\alpha^*(x)}$ 存在,则

$$\lim_{x \to x_0} \dfrac{\beta(x)}{\alpha(x)} = \lim_{x \to x_0} \dfrac{\beta^*(x)}{\alpha^*(x)}.$$

证明 $\lim\limits_{x \to x_0} \dfrac{\beta(x)}{\alpha(x)} = \lim\limits_{x \to x_0} \left(\dfrac{\beta(x)}{\beta^*(x)} \cdot \dfrac{\beta^*(x)}{\alpha^*(x)} \cdot \dfrac{\alpha^*(x)}{\alpha(x)} \right)$

$$= \lim_{x \to x_0} \dfrac{\beta(x)}{\beta^*(x)} \cdot \lim_{x \to x_0} \dfrac{\beta^*(x)}{\alpha^*(x)} \cdot \lim_{x \to x_0} \dfrac{\alpha^*(x)}{\alpha(x)} = \lim_{x \to x_0} \dfrac{\beta^*(x)}{\alpha^*(x)}.$$

在定义 3 及定理 3 中,当 x 以其他方式变化时(如 $x \to \infty, x \to x_0^+$ 等),相应的结论仍成立.

例 4 求 $\lim\limits_{x \to 0} \dfrac{\sin 3x}{\tan 2x}$.

解 当 $x \to 0$ 时,$\sin 3x \sim 3x$,$\tan 2x \sim 2x$,所以,

$$\lim_{x \to 0} \dfrac{\sin 3x}{\tan 2x} = \lim_{x \to 0} \dfrac{3x}{2x} = \dfrac{3}{2}.$$

例 5 求 $\lim\limits_{x \to 0} \dfrac{\tan x - \sin x}{x^3}$.

解 $\lim\limits_{x \to 0} \dfrac{\tan x - \sin x}{x^3} = \lim\limits_{x \to 0} \dfrac{\sin x (1 - \cos x)}{x^3 \cos x}.$

由于当 $x \to 0$ 时,$\sin x \sim x$,$1 - \cos x \sim \dfrac{x^2}{2}$,因此,

$$\lim_{x \to 0} \dfrac{\tan x - \sin x}{x^3} = \lim_{x \to 0} \dfrac{x \cdot \dfrac{1}{2} x^2}{x^3 \cos x} = \lim_{x \to 0} \dfrac{1}{2 \cos x} = \dfrac{1}{2}.$$

例6 求 $\lim\limits_{x\to 0}\dfrac{(1+x^2)^3-1}{\cos x-1}$.

解 当 $x\to 0$ 时,
$$(1+x^2)^3-1\sim 3x^2,\ \cos x-1\sim -\dfrac{1}{2}x^2,$$
因此,
$$\lim_{x\to 0}\dfrac{(1+x^2)^3-1}{\cos x-1}=\lim_{x\to 0}\dfrac{3x^2}{-\dfrac{1}{2}x^2}=-6.$$

注 (1) 应用定理 3 进行等价无穷小替换时,不一定要同时替换分子分母,可以仅替换极限式中的某个因式,即无穷小等价替换只能用在乘与除时,而不能用在加与减上. 在求例 5 的极限时,如果错误地把分子的两项都各自用无穷小去替代,就会出现错误结果:
$$\lim_{x\to 0}\dfrac{\tan x-\sin x}{x^3}=\lim_{x\to 0}\dfrac{x-x}{x^3}=\lim_{x\to 0}\dfrac{0}{x^3}=0.$$

(2) 等价无穷小替换时,必须确保替换的因式是无穷小. 否则,容易出现这样的错误:
$$\lim_{x\to\pi}\dfrac{\sin(x+\pi)}{x-\pi}=\lim_{x\to\pi}\dfrac{x+\pi}{x-\pi}=\infty.$$

其实,正确解答为
$$\lim_{x\to\pi}\dfrac{\sin(x+\pi)}{x-\pi}=\lim_{x\to\pi}\dfrac{\sin(x-\pi)}{x-\pi}=\lim_{x\to\pi}\dfrac{x-\pi}{x-\pi}=1.$$

练习与思考 1-4

1. 指出下列各题中哪些是无穷小,哪些是无穷大:

(1) $\dfrac{1+5x}{x^2},\ x\to\infty$; (2) $\dfrac{x+1}{x^2-4},\ x\to 2$.

2. 求下列函数的极限:

(1) $\lim\limits_{x\to 0}x^2\sin\dfrac{1}{x}$; (2) $\lim\limits_{x\to\infty}\dfrac{\sin 2x}{x+1}$;

(3) $\lim\limits_{x\to 0}\dfrac{\tan ax}{\sin bx}$; (4) $\lim\limits_{x\to 0}\dfrac{\ln(1+4x^2)}{\sin x^2}$;

(5) $\lim\limits_{x\to 0}\dfrac{1-e^{3x}}{\tan 3x}$.

§1.5 函数的连续性

1.5.1 函数的改变量

自然界中许多变量都是连续变化的,例如,气温的变化、农作物的生长、放射性物质的存量等,这些现象反映在数学上就是函数的连续性. 它是微积分学的又一重要概念.

设函数 $y=f(x)$ 在点 x_0 的某个邻域内有定义,当自变量从 x_0 变到 x,相应的函数值从 $f(x_0)$ 变到 $f(x)$,则称 $x-x_0$ 为自变量的改变量,记作 $\Delta x=x-x_0$,它可正可负;称 $f(x)-f(x_0)$ 为**函数的改变量**,记作 Δy,即

$$\Delta y=f(x)-f(x_0) \text{ 或 } \Delta y=f(x_0+\Delta x)-f(x_0).$$

在几何上,函数的改变量 Δy 表示当自变量从 x_0 变到 $x_0+\Delta x$ 时函数在相应点的纵坐标的改变量,如图 1-5-1 所示.

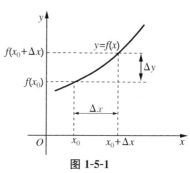

图 1-5-1

例 1 求函数 $y=x^2$,当 $x_0=1, \Delta x=0.1$ 时的改变量.

解 $\Delta y = f(x_0+\Delta x)-f(x_0)$
$= f(1+0.1)-f(1)$
$= f(1.1)-f(1)=1.1^2-1^2=0.21.$

1.5.2 函数连续的概念

1. 函数在点 x_0 的连续性

定义 1 设函数 $y=f(x)$ 在点 x_0 的某个邻域内有定义,如果 $\lim\limits_{\Delta x \to 0}\Delta y=0$,即

$$\lim_{\Delta x \to 0}[f(x_0+\Delta x)-f(x_0)]=0, \qquad ①$$

则称函数 $y=f(x)$ 在点 x_0 处**连续**,x_0 称为 $y=f(x)$ 的**连续点**.

设 $x_0+\Delta x=x$,当 $\Delta x \to 0$ 时,有 $x \to x_0$,因此,①式也可以写为

$$\lim_{x \to x_0}[f(x)-f(x_0)]=0,$$

此式等价于

$$\lim_{x \to x_0}f(x)=f(x_0).$$

所以,函数 $y=f(x)$ 在点 x_0 处连续的定义又可以叙述如下:

定义 2 设函数 $y=f(x)$ 在点 x_0 的某个邻域内有定义,如果有
$$\lim_{x \to x_0} f(x) = f(x_0),$$
则称函数 $y=f(x)$ 在点 x_0 **处连续**.

例 2 证明函数 $f(x)=x^3+1$ 在 $x_0=2$ 处连续.

证明 因为
$$\lim_{x \to 2} f(x) = \lim_{x \to 2}(x^3+1) = 9 = f(2),$$
所以, $f(x)=x^3+1$ 在 $x=2$ 处连续.

有时需要考虑函数在某点 x_0 一侧的连续性,由此引进左、右连续的概念.

如果 $\lim\limits_{x \to x_0^+} f(x) = f(x_0)$,则称函数 $f(x)$ 在点 x_0 处**右连续**;如果 $\lim\limits_{x \to x_0^-} f(x) = f(x_0)$,则称函数 $f(x)$ 在点 x_0 处**左连续**.

显然,函数 $y=f(x)$ 在点 x_0 处连续的充要条件是函数 $f(x)$ 在点 x_0 处左连续且右连续.

例 3 讨论函数
$$f(x) = |x| = \begin{cases} x, & x \geqslant 0, \\ -x, & x < 0 \end{cases}$$
在 $x=0$ 处是否连续.

解 因 $\lim\limits_{x \to 0^-} f(x) = \lim\limits_{x \to 0^-}(-x) = 0$, $\lim\limits_{x \to 0^+} f(x) = \lim\limits_{x \to 0^+} x = 0$, 故 $\lim\limits_{x \to 0} f(x) = 0$; 又 $f(0)=0$, 即有
$$\lim_{x \to 0} f(x) = 0 = f(0) (\text{极限值等于函数值}),$$
所以,函数 $f(x)=|x|$ 在 $x=0$ 处是连续的.

例 4 设有函数
$$f(x) = \begin{cases} \dfrac{\sin ax}{x}, & x < 0, \\ 2, & x = 0 \quad (a \neq 0, b \neq 0), \\ (1+bx)^{\frac{1}{x}}, & x > 0, \end{cases}$$
问 a 和 b 各取何值时, $f(x)$ 在点 $x_0=0$ 处连续?

解 由连续性定义, $f(x)$ 在点 $x_0=0$ 处连续就是指 $\lim\limits_{x \to 0} f(x) = f(0) = 2$, 要使上式成立的充分必要条件是以下两式同时成立:
$$\lim_{x \to 0^-} f(x) = 2, \qquad ②$$
$$\lim_{x \to 0^+} f(x) = 2. \qquad ③$$

由于
$$\lim_{x\to 0^-} f(x) = \lim_{x\to 0^-} \frac{\sin ax}{x} = \lim_{x\to 0^-} \frac{ax}{x} = a,$$

由②式得到 $a=2$. 由于
$$\lim_{x\to 0^+} f(x) = \lim_{x\to 0^+} (1+bx)^{\frac{1}{x}} = \lim_{x\to 0^+} [(1+bx)^{\frac{1}{bx}}]^b = e^b,$$

由③式得到 $e^b=2$, 即 $b=\ln 2$.

综上可得：只有当 $a=2, b=\ln 2$ 时, 函数 $f(x)$ 在点 $x_0=0$ 处连续.

2. 函数在区间上的连续性

如果函数 $f(x)$ 在开区间 (a,b) 内每一点都连续, 则称 $f(x)$ 在**区间 (a,b) 内连续**. 如果 $f(x)$ 在区间 (a,b) 内连续, 且在 $x=a$ 处右连续, 又在 $x=b$ 处左连续, 则称函数 $f(x)$ 在**闭区间 $[a,b]$ 上连续**. 函数 $y=f(x)$ 的全体连续点构成的区间称为函数的**连续区间**. 在连续区间上, 连续函数的图形是一条连绵不断的曲线.

例 5 证明函数 $y=x^2$ 在定义域 $(-\infty, +\infty)$ 内是连续函数.

证明 对于任意 $x \in (-\infty, +\infty)$,
$$\Delta y = (x+\Delta x)^2 - x^2 = x^2 + 2x\Delta x + (\Delta x)^2 - x^2 = 2x\Delta x + (\Delta x)^2.$$

当 $\Delta x \to 0$ 时, 有
$$\lim_{\Delta x \to 0} \Delta y = 0.$$

按定义 1, $y=x^2$ 在 x 处连续.

又由于 x 为 $(-\infty, +\infty)$ 内的任意点, 因此, $y=x^2$ 在 $(-\infty, +\infty)$ 内连续.

1.5.3 函数的间断点

如果函数 $f(x)$ 在点 x_0 处不连续, 就称函数 $f(x)$ 在点 x_0 **间断**, x_0 称为函数 $f(x)$ 的**不连续点**或**间断点**.

由函数 $f(x)$ 在点 x_0 处连续的定义 2 可知, 如果 $f(x)$ 在点 x_0 处满足下列 3 个条件之一, 则点 x_0 是 $f(x)$ 的一个间断点：

(1) 函数 $f(x)$ 在点 x_0 处没有定义；

(2) $\lim_{x \to x_0} f(x)$ 不存在；

(3) 在点 x_0 处有定义, 且 $\lim_{x \to x_0} f(x)$ 存在, 但 $\lim_{x \to x_0} f(x) \neq f(x_0)$.

下面讨论函数的间断点的类型.

1. 可去间断点

如果函数 $f(x)$ 在点 x_0 处极限存在且等于常数 A，但 $f(x)$ 在点 x_0 处没有定义，或有定义但 $f(x_0) \neq A$，则称 $x = x_0$ 为函数的**可去间断点**.

例 6 求函数 $f(x) = \dfrac{x^3 - 1}{x - 1}$ 的间断点，并指出其类型.

解 函数 $f(x) = \dfrac{x^3 - 1}{x - 1}$ 在 $x = 1$ 处没有定义，所以，$x = 1$ 是函数的间断点. 又因为

$$\lim_{x \to 1} f(x) = \lim_{x \to 1} \frac{x^3 - 1}{x - 1} = \lim_{x \to 1}(x^2 + x + 1) = 3,$$

所以，$x = 1$ 为函数 $f(x)$ 的可去间断点.

如果补充定义：令 $x = 1$ 时 $f(x) = 3$，则所给函数在 $x = 1$ 连续，所以，$x = 1$ 称为该函数的可去间断点.

例 7 函数

$$f(x) = \begin{cases} \dfrac{\sin 3x}{x}, & x \neq 0, \\ 2, & x = 0. \end{cases}$$

试问 $x = 0$ 是否为间断点？

解 $f(x)$ 在 $x = 0$ 处有定义 $f(0) = 2$，但由于

$$\lim_{x \to 0} f(x) = \lim_{x \to 0} \frac{\sin 3x}{x} = 3 \neq f(0),$$

因此，$x = 0$ 为函数 $f(x)$ 的可去间断点.

2. 跳跃间断点

如果函数 $f(x)$ 在点 x_0 处的左、右极限存在但不相等，则称 $x = x_0$ 为函数 $f(x)$ 的**跳跃间断点**.

例 8 函数

$$f(x) = \begin{cases} x + 1, & x < 0, \\ 0, & x = 0, \\ x - 1, & x > 0. \end{cases}$$

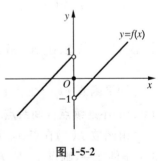

图 1-5-2

试问 $x = 0$ 是否为间断点？若是，请指出其类型.

解
$$\lim_{x \to 0^-} f(x) = \lim_{x \to 0^-}(x + 1) = 1,$$
$$\lim_{x \to 0^+} f(x) = \lim_{x \to 0^+}(x - 1) = -1,$$

即左、右极限不相等，所以，$x = 0$ 为函数 $f(x)$ 的跳跃间断点，如图 1-5-2 所示.

第 1 章　函数与极限

可去间断点和跳跃间断点统称为**第一类间断点**.它是左极限与右极限都存在的间断点.

3. 无穷间断点与振荡间断点

当 $x \to x_0^-$ 或 $x \to x_0^+$ 时,函数 $f(x) \to \infty$,则称 $x = x_0$ 为函数 $y = f(x)$ 的无穷间断点.

例 9　设函数 $y = \dfrac{1}{x}$,试问 $x = 0$ 是否为间断点.若是,请指出其类型.

解　$f(x)$ 在 $x = 0$ 处无定义,所以,$x = 0$ 是函数 $y = f(x)$ 的间断点.又因为
$$\lim_{x \to 0} f(x) = \lim_{x \to 0} \frac{1}{x} = \infty,$$
所以,$x = 0$ 为函数 $y = f(x)$ 的无穷间断点.

当 $x \to x_0$ 时,函数 $y = f(x)$ 的极限不存在,并呈上下振荡情形,则称 $x = x_0$ 为函数 $y = f(x)$ 的振荡间断点.例如,点 $x = 0$ 为函数 $y = \sin \dfrac{1}{x}$ 的振荡间断点.

无穷间断点和振荡间断点统称为**第二类间断点**,它是左极限与右极限至少有一个不存在的间断点.

1.5.4　初等函数的连续性

函数的连续性是通过极限来定义的,因此由极限运算法则和连续定义可得到下列连续函数的运算法则.

法则 1(连续函数的四则运算)　设函数 $f(x)$,$g(x)$ 均在点 x_0 处连续,则 $f(x) \pm g(x)$,$f(x) \cdot g(x)$,$\dfrac{f(x)}{g(x)}[g(x_0) \neq 0]$ 都在点 x_0 处连续.

这个法则说明连续函数的和、差、积、商(分母不为零)都是连续函数.

法则 2(反函数的连续性)　单调连续函数的反函数在其对应区间上也是单调连续的.

应用函数连续的定义与上述两个法则,可以证明基本初等函数在其定义域内都是连续的.

法则 3(复合函数的连续性)　设函数 $y = f(u)$ 在点 u_0 处连续,又函数 $u = \varphi(x)$ 在点 x_0 处连续,且 $u_0 = \varphi(x_0)$,则复合函数 $y = f[\varphi(x)]$ 在点 x_0 连续.

因为初等函数是由基本初等函数经过有限次的四则运算和复合而构成的,根据上述法则可得如下定理:

定理　一切初等函数在其定义区间(包含在定义域内的区间)内都是连续的.

在定义区间内初等函数的图像是一条连绵不断的曲线.

求初等函数在定义区间内某点处极限值,只需要算出函数在该点的函数值.

例 10 求 $\lim\limits_{x \to 5}[\sqrt{x-4}+\ln(100-x^2)]$.

解 因为 $f(x)=\sqrt{x-4}+\ln(100-x^2)$ 是初等函数,且 $x_0=5$ 是其定义域内的点,所以,

$$\lim\limits_{x \to 5}[\sqrt{x-4}+\ln(100-x^2)]=f(5)=1+\ln 75.$$

练习与思考 1-5

1. 设函数

$$f(x)=\begin{cases} x-1, & x<0, \\ 0, & x=0, \\ x+1, & x>0, \end{cases}$$

讨论函数 $f(x)$ 在 $x=0$ 处的连续性.

2. 求下列函数的间断点,并判断其类型:

(1) $y=\dfrac{x}{(x+2)^3}$; (2) $y=\dfrac{x^2-4}{x-2}$;

(3) $f(x)=\begin{cases} x-3, & x \leqslant 1, \\ 1-x, & x>1. \end{cases}$

3. 求函数的连续区间,并求极限:

$$f(x)=\sqrt{x-4}-\sqrt{6-x}, \quad \lim\limits_{x \to 5} f(x).$$

本 章 小 结

一、基本思想

函数是微积分(变量数学的主体)的主要研究对象,它的内涵实质是:两个变量间存在着确定的数值对应关系.

极限思维方法是微积分最基本的思维方法.极限概念是通过无限变化的观念与无限逼近的思想描述变量变化趋势的概念.极限方法是从有限中认识无限、从近似中认识精确、从量变中认识质变的数学方法.

二、主要内容

1. 函数、极限、连续的概念

(1) 函数 $y=f(x)$ 表示对于定义域 D 内任意一个数 x，根据某一对应法则都有唯一确定的 y 与之对应，其中定义域和对应法则称为函数的两个要素。

(2) $\lim\limits_{\substack{x \to x_0 \\ (x \to \infty)}} f(x)=A$ 表示 $x \to x_0 (x \to \infty)$ 时，函数 $f(x)$ 的极限为 A；

$\lim\limits_{\substack{x \to x_0 \\ (x \to \infty)}} f(x)=0$ 表示 $f(x)$ 为 $x \to x_0 (x \to \infty)$ 时的无穷小；

$\lim\limits_{\substack{x \to x_0 \\ x \to \infty}} f(x)=\infty$ 表示 $f(x)$ 为 $x \to x_0 (x \to \infty)$ 时的无穷大。

(3) $\Delta x = x - x_0$ 表示自变量从 x 变到 x_0 处的改变量；
$\Delta y = f(x) - f(x_0)$（或 $\Delta y = f(x_0 + \Delta x) - f(x_0)$）表示函数的改变量。

(4) $\lim\limits_{\Delta x \to 0} \Delta y = \lim\limits_{\Delta x \to 0} [f(x_0 + \Delta x) - f(x_0)] = 0$ 或 $\lim\limits_{x \to x_0} f(x) = f(x_0)$
表示函数 $y=f(x)$ 在点 x_0 处连续。

(5) x_0 是间断点的 3 种类型：

可去间断点 $\qquad \lim\limits_{x \to x_0} f(x) = A$，但 $f(x_0) \neq A$；

跳跃间断点 $\qquad \lim\limits_{x \to x_0^-} f(x) \neq \lim\limits_{x \to x_0^+} f(x)$；

无穷间断点 $\qquad \lim\limits_{x \to x_0} f(x) = \infty$。

(6) 一切初等函数在其定义区间都是连续的，其定义区间就是连续区间。

2. 函数极限的计算

(1) $\lim\limits_{\substack{x \to x_0 \\ (x \to \infty)}} f(x) = A \Leftrightarrow \lim\limits_{x \to x_0^-} f(x) = \lim\limits_{x \to x_0^+} f(x) = A$.

(2) 函数四则运算极限法则、复合函数的极限法则。

(3) 两个重要极限：

$$\lim_{x \to 0} \frac{\sin x}{x} = 1, \quad \lim_{x \to \infty}\left(1+\frac{1}{x}\right)^x = e.$$

(4) 无穷小的运算：①非零无穷小与无穷大互为倒数关系；②无穷小乘以有界函数仍是无穷小。

(5) 等价无穷小：当 $x \to 0$ 时，

$$\sin x \sim x, \ \tan x \sim x; \ \arcsin x \sim x, \ \arctan x \sim x;$$
$$e^x - 1 \sim x, \ \ln(1+x) \sim x; \ 1 - \cos x \sim \frac{x^2}{2}, \ (1+x)^2 - 1 \sim 2x.$$

第 2 章

导数与微分

16世纪以后，由于科技的发展，天文、航海等领域都对几何学提出了新的要求。为了研究比较复杂的圆锥曲线，法国数学家笛卡儿创立了解析几何：用代数的方法解决几何问题。从此，数学进入到变量数学时期。解析几何的建立，使得辩证法和运动进入数学领域，对于微积分的产生有着不可估量的作用。

到了17世纪，许多待解决的科学实际问题（比如在光学研究中，由于透镜的设计需要运用折射定律、反射定律，就涉及切线、法线问题）促使科学家作了大量的研究工作。这些问题大致可以归纳为以下 4 类：①求曲线的切线；②求变速运动的瞬时速度；③求函数的最大值和最小值；④求曲线长、曲线围成的面积、曲面围成的体积、物体的重心等。其中前3类是有关微分学的问题，第四类问题与积分学有关。这些研究工作都为微积分的创立作出贡献。

由于相关的研究结果是孤立零散的，比较完整的微积分理论一直未能形成。直到17世纪下半叶，在前人工作的基础上，英国科学家牛顿和德国数学家莱布尼兹分别独立地创立了微积分。莱布尼兹从几何学的角度（求曲线的切线），牛顿从运动学的角度出发（求变速运动的瞬时速度），将问题①和②本质地归结为函数相对于自变量变化的快慢程度，即所谓的函数变化（速）率问题——导数。由于莱布尼兹所创设的微积分符号远优于牛顿符号，被沿用至今。

本章及第 3 章将介绍导数、微分及其应用的微分学内容。

§2.1 导数的概念——函数变化速率的数学模型

导数是微分学中的一个重要概念，在各个领域都有着重要的应用。在化学中，反应物的浓度关于时间的变化率（称为反应速度）；在生物学中，种群数量关于时间的变化率（称为种群增长速度）；在社会学中，传闻（或新事物）的传播速度；在经济学中，生产成本关于产量 x 的变化率（称为边际成本）……所有这些涉及变量变化速率的问题都可归结为导数。

2.1.1 函数变化率

1. 曲线切线的斜率

首先,明确什么是"曲线的切线". 对于圆周曲线,把切线定义为与这个圆有唯一交点的直线就足够了. 但对于一般的曲线,这个定义显然不再适用. 下面给出一般连续曲线的切线定义:

"设点 P 为曲线 $y=f(x)$ 上的一个定点,在曲线上另取一点 Q,作割线 PQ,当点 Q 沿曲线移动趋向于定点 P 时,若割线 PQ 的极限位置存在,则称其极限位置 PT 为曲线在点 P 处的切线."

引例1 设点 $P(x_0, f(x_0))$ 是曲线 $y=f(x)$ 上的一定点,求曲线在点 P 处切线的斜率 k.

解 如图 2-1-1,在曲线 $y=f(x)$ 上另取一动点 $Q(x_0+\Delta x, f(x_0+\Delta x))$,则
$$\Delta y = f(x_0+\Delta x) - f(x_0),$$
计算割线 PQ 的斜率 $\bar{k}$:
$$\bar{k} = \frac{\Delta y}{\Delta x} = \frac{f(x_0+\Delta x) - f(x_0)}{\Delta x}.$$

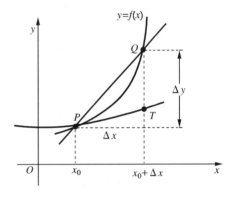

图 2-1-1

当 $\Delta x \to 0$ 时,动点 Q 沿曲线趋向于定点 P,若割线 PQ 趋于极限位置(若存在的话)切线 PT,则割线斜率也趋于极限值切线斜率,即
$$k = \lim_{\Delta x \to 0} \bar{k} = \lim_{\Delta x \to 0} \frac{\Delta y}{\Delta x} = \lim_{\Delta x \to 0} \frac{f(x_0+\Delta x) - f(x_0)}{\Delta x}.$$

2. 变速直线运动的瞬时速度

在中学物理中,我们知道速度=距离÷时间. 严格来说,这个公式应表述为
$$\text{平均速度} = \text{位移的改变量} \div \text{时间的改变量}.$$

当物体做匀速直线运动时,每时每刻的速度都恒定不变,可以用平均速度来衡量. 但实际生活中,运动往往是非匀速的,这时平均速度并不能精确刻画任意时刻物体运动的快慢程度,有必要讨论物体在任意时刻的瞬时速度.

引例 2 设质点作变速直线运动,其位移函数为 $s=s(t)$. 求质点在 t_0 时刻的瞬时速度 $v(t_0)$.

解 不妨考虑 $[t_0, t_0+\Delta t]$(或 $[t_0+\Delta t, t_0]$)这一时间间隔:时间的改变量 Δt,位移的改变量 $\Delta s = s(t_0+\Delta t) - s(t_0)$,则在这一时间间隔内质点的平均速度为

$$\bar{v} = \frac{\Delta s}{\Delta t} = \frac{s(t_0 + \Delta t) - s(t_0)}{\Delta t}.$$

由于变速运动的速度通常是连续变化的,因此,虽然从整体来看,运动确实是变速的;但从局部来看,当时间间隔 $|\Delta t|$ 很短时,在这一时间间隔内速度的变化不大,可以近似地看作匀速.因此,可以用平均速度 $\bar{v}$ 来近似瞬时速度 $v(t_0)$,而且时间间隔越小,近似程度越好,平均速度越接近瞬时速度.当 $\Delta t \to 0$ 时,平均速度 $\bar{v}$ 的极限就是瞬时速度 $v(t_0)$,即

$$v(t_0) = \lim_{\Delta t \to 0} \bar{v} = \lim_{\Delta t \to 0} \frac{\Delta s}{\Delta t} = \lim_{\Delta t \to 0} \frac{s(t_0 + \Delta t) - s(t_0)}{\Delta t}.$$

3. 平均变化率和瞬时变化率

上述两个实际问题虽然背景不同,但本质是一样的,都可以归结为这样的运算:

在某一定点 x_0 的小邻域上,计算函数的改变量 Δy 与自变量的改变量 Δx 之比,即 $\frac{\Delta y}{\Delta x}$,该比值称为**平均变化率**,从平均意义来衡量 y 相对于 x 的变化速率.

令 $\Delta x \to 0$,对平均变化率求极限,即 $\lim\limits_{\Delta x \to 0} \frac{\Delta y}{\Delta x}$,该极限值称为**瞬时变化率**,它刻画了每一瞬间(在点 x_0 处)y 相对于 x 的变化速率.

2.1.2 导数的概念

1. 函数在点 x_0 处的导数定义

定义 1 设函数 $y = f(x)$ 在点 x_0 的某个邻域内有定义,若自变量 x 在点 x_0 处有改变量 Δx ($\Delta x \neq 0$ 且 $x_0 + \Delta x$ 仍在该邻域内),相应地,函数 $f(x)$ 有改变量 $\Delta y = f(x_0 + \Delta x) - f(x_0)$,作比率

$$\frac{\Delta y}{\Delta x} = \frac{f(x_0 + \Delta x) - f(x_0)}{\Delta x}.$$

若上式极限存在,则称它为函数 $f(x)$ 在点 x_0 处**可导**(或称函数 $f(x)$ 在点 x_0 处具有导数),并称该极限值为函数 $f(x)$ 在点 x_0 处的**导数**(或称瞬时变化率),记为 $f'(x_0)$ $\left(\text{也可记作 } y'|_{x=x_0} \text{ 或 } \frac{\mathrm{d}y}{\mathrm{d}x}\bigg|_{x=x_0} \text{ 或 } \frac{\mathrm{d}f(x)}{\mathrm{d}x}\bigg|_{x=x_0}\right)$,即函数 $f(x)$ 在点 x_0 处的导数为

$$f'(x_0) = \lim_{\Delta x \to 0} \frac{\Delta y}{\Delta x} = \lim_{\Delta x \to 0} \frac{f(x_0 + \Delta x) - f(x_0)}{\Delta x}.$$

若极限 $\lim\limits_{\Delta x \to 0} \frac{\Delta y}{\Delta x}$ 不存在,则称函数 $f(x)$ 在点 x_0 处不可导(或称函数 $f(x)$ 在

点 x_0 处导数不存在).

若动点用 x 表示(即令 $x=x_0+\Delta x$),则
$$f'(x_0)=\lim_{x\to x_0}\frac{\Delta y}{\Delta x}=\lim_{x\to x_0}\frac{f(x)-f(x_0)}{x-x_0}.$$

定义 2 极限
$$\lim_{\Delta x\to 0^-}\frac{f(x_0+\Delta x)-f(x_0)}{\Delta x}\left(\text{或}\lim_{x\to x_0^-}\frac{f(x)-f(x_0)}{x-x_0}\right),$$
$$\lim_{\Delta x\to 0^+}\frac{f(x_0+\Delta x)-f(x_0)}{\Delta x}\left(\text{或}\lim_{x\to x_0^+}\frac{f(x)-f(x_0)}{x-x_0}\right)$$

分别称为 $f(x)$ 在 x_0 处的左、右导数,且分别记为 $f'_-(x_0)$ 和 $f'_+(x_0)$.

定理 1 若函数 $y=f(x)$ 在 x_0 的邻域内有定义,则 $f'(x_0)$ 存在的充分必要条件是 $f'_-(x_0)$ 和 $f'_+(x_0)$ 存在,且 $f'_-(x_0)=f'_+(x_0)$.

2. 函数在区间 I 内的导函数定义

定义 3 设函数 $y=f(x)$ 在区间 I 内每一点都可导,则对 I 内每一点 x 都有一个导数值 $f'(x)$ 与之对应,这样就确定了一个新的函数,称为函数 $f(x)$ 在区间 I 内的**导函数**(简称为导数),记作 $f'(x)\left(\text{也可记作 }y'\text{ 或}\dfrac{\mathrm{d}y}{\mathrm{d}x}\text{ 或}\dfrac{\mathrm{d}f(x)}{\mathrm{d}x}\right)$,即函数 $f(x)$ 的导函数为

$$f'(x)=\lim_{\Delta x\to 0}\frac{\Delta y}{\Delta x}=\lim_{\Delta x\to 0}\frac{f(x+\Delta x)-f(x)}{\Delta x}.$$

注 (1) $f'(x_0)$ 是一个确定的数值;而 $f'(x)$ 是一个函数;

(2) 导函数 $f'(x)$ 在 $x=x_0$ 处的函数值就是 $f'(x_0)$,即 $f'(x_0)=f'(x)|_{x=x_0}$;

(3) 根据定义式,容易推知导数的单位是 $\dfrac{y\text{ 的单位}}{x\text{ 的单位}}$.

根据导数的定义,重新回顾本节的两个引例:

(1) 曲线 $y=f(x)$ 在点 $P(x_0,f(x_0))$ 处的切线斜率就是函数 $f(x)$ 在点 x_0 处的导数

$$k=f'(x_0)=\dfrac{\mathrm{d}y}{\mathrm{d}x}\bigg|_{x=x_0};$$

(2) 作变速运动的质点在 t_0 时刻的瞬时速度就是其位移函数 $s(t)$ 在点 t_0 处的导数

$$v(t_0)=s'(t_0)=\left.\frac{ds}{dt}\right|_{t=t_0}.$$

若位移的单位为 m，时间的单位为 s，则导数 $s'(t_0)$ 的单位是 $\dfrac{m}{s}$，的确是速度的单位.

3. 根据定义求导数

根据定义求导数，可分解为 3 个步骤：

(1) 求函数的改变量 Δy；

(2) 求平均变化率 $\dfrac{\Delta y}{\Delta x}$；

(3) 取极限，计算瞬时变化率(即导数) $\lim\limits_{\Delta x\to 0}\dfrac{\Delta y}{\Delta x}$.

例 1 设函数 $f(x)=x^2$，根据导数定义计算 $f'(2)$ 和 $f'(x)$，比较 $f'(2)$ 和 $f'(x)$ 的关系.

解 (1) 定点 $x_0=2$，动点 $2+\Delta x$，故函数改变量
$$\Delta y=f(2+\Delta x)-f(2)=(2+\Delta x)^2-2^2;$$

平均变化率
$$\frac{\Delta y}{\Delta x}=\frac{(2+\Delta x)^2-2^2}{\Delta x}=4+\Delta x;$$

取极限
$$f'(2)=\lim_{\Delta x\to 0}\frac{\Delta y}{\Delta x}=\lim_{\Delta x\to 0}(4+\Delta x)=4.$$

(2) 定点 x，动点 $x+\Delta x$，故函数改变量
$$\Delta y=(x+\Delta x)^2-x^2=2x\Delta x+(\Delta x)^2.$$

平均变化率
$$\frac{\Delta y}{\Delta x}=\frac{2x\Delta x+(\Delta x)^2}{\Delta x}=2x+\Delta x.$$

取极限
$$f'(x)=\lim_{\Delta x\to 0}\frac{\Delta y}{\Delta x}=\lim_{\Delta x\to 0}(2x+\Delta x)=2x.$$

由(1)和(2)可得
$$f'(2)=f'(x)|_{x=2}.$$

例 2 求常数函数 $y=C$ 的导数(其中,C 为常数).

解 (1) 因为 $y=C$,因此不论 x 取什么值,y 恒等于 C,即 $\Delta y=0$;

(2) 平均变化率 $\dfrac{\Delta y}{\Delta x}=0$;

(3) 取极限 $y'=\lim\limits_{\Delta x\to 0}\dfrac{\Delta y}{\Delta x}=\lim\limits_{\Delta x\to 0}0=0.$

直观来看,常数是恒定不变的,(瞬时)变化率当然为 0,即常数的导数为 0.

例 3 求函数 $f(x)=\sin x$ 的导数.

解 (1) 函数变化量

$$\Delta y=f(x+\Delta x)-f(x)=\sin(x+\Delta x)-\sin x.$$

(2) 求平均变化率 $\dfrac{\Delta y}{\Delta x}$;

(3) 取极限

$$y'=\lim_{\Delta x\to 0}\frac{\Delta y}{\Delta x}=\lim_{\Delta x\to 0}\frac{f(x+\Delta x)-f(x)}{\Delta x}=\lim_{\Delta x\to 0}\frac{\sin(x+\Delta x)-\sin x}{\Delta x}$$

$$=\lim_{\Delta x\to 0}\frac{1}{\Delta x}\cdot 2\cos\left(x+\frac{\Delta x}{2}\right)\sin\frac{\Delta x}{2}=\lim_{\Delta x\to 0}\cos\left(x+\frac{\Delta x}{2}\right)\cdot\frac{\sin\dfrac{\Delta x}{2}}{\dfrac{\Delta x}{2}}=\cos x,$$

即正弦函数的导数是余弦函数.

4. 可导与连续的关系

根据导数的定义,很容易推出"可导"与"连续"的关系.

定理 2 如果函数 $f(x)$ 在点 x_0 处可导,则 $f(x)$ 在点 x_0 处连续,即"可导"$\Rightarrow$"连续".

注 该定理的逆命题不一定成立.即"可导"$\nLeftarrow$"连续",例 4 即为反例.

例 4 讨论

$$f(x)=|x|=\begin{cases}x, & x\geqslant 0,\\ -x, & x<0\end{cases}$$

在点 $x=0$ 处的连续性与可导性.

解 (1) 由于

$$\lim_{x\to 0^+}f(x)=\lim_{x\to 0^-}f(x)=f(0)=0,$$

易知 $f(x)=|x|$ 在点 $x=0$ 是连续的.

(2) 由于

$$\lim_{x \to 0^+} \frac{f(x)-f(0)}{x-0} = \lim_{x \to 0^+} \frac{x-0}{x-0} = 1, \lim_{x \to 0^-} \frac{f(x)-f(0)}{x-0} = \lim_{x \to 0^-} \frac{-x-0}{x-0} = -1.$$

故 $f'(0) = \lim_{x \to 0} \frac{f(x)-f(0)}{x-0}$ 不存在,即 $f(x) = |x|$ 在点 $x=0$ 是不可导的.

2.1.3 导数的几何意义与曲线的切线和法线方程

由引例 1 知:曲线 $y=f(x)$ 在点 x_0 处的切线斜率就是函数 $f(x)$ 在点 x_0 处的导数,这就是导数的几何意义.

根据切点坐标 $(x_0,f(x_0))$ 和该点处的切线斜率 $f'(x_0)$,由直线的点斜式可以确定切线方程及相应的法线方程,具体可见表 2-1-1.

表 2-1-1

在切点 x_0 的导数情况		切线方程	法线方程
$f'(x_0)=A$ A 是常数	$f'(x_0) \neq 0$	$y-f(x_0)=f'(x_0)(x-x_0)$	$y-f(x_0)=-\dfrac{1}{f'(x_0)}(x-x_0)$
	$f'(x_0)=0$	水平切线 $y=f(x_0)$	竖直法线 $x=x_0$
$f'(x_0)$ 不存在		竖直切线 $x=x_0$	水平法线 $y=f(x_0)$

注 从表 2-1-1 中可知,"切线存在"与"导数存在"并没有一一对应的关系. 若导数不存在,但等于无穷大,此时曲线在切点处具有垂直于 x 轴的切线.

例 5 设曲线 $f(x)=x^2$,求曲线在点 $x=2$ 处的切线方程、法线方程.

解 由例 1 计算得 $f'(2)=4$,故有下面的结果:

(1) 切点 $(2,4)$;切线斜率 $f'(2)=4$;

切线方程 $y-4=4(x-2)$,即 $4x-y-4=0$.

(2) 切点 $(2,4)$;法线斜率 $-\dfrac{1}{f'(2)}=-\dfrac{1}{4}$;

法线方程 $y-4=-\dfrac{1}{4}(x-2)$,即 $x+4y-18=0$.

练习与思考 2-1

1. 设某地区的人口数量 P 随时间 t 而变化:$P=P(t)$.请列式表示在时刻 t 该地区的人口增长率.

2. 设函数 $f(x)=1-2x^2$,根据定义求 $f'(2)$ 和 $f'(x)$.

3. 讨论下列函数在 $x=0$ 处的连续性与可导性:

(1) $f(x) = \begin{cases} x^2, & x \geq 0, \\ -x, & x < 0; \end{cases}$ 　　(2) $f(x) = \begin{cases} x, & x \geq 0, \\ \sin x, & x < 0. \end{cases}$

§2.2　导数的运算(一)

由定义来求导数比较麻烦,为便于求函数的导数,本节给出常用的基本初等函数的求导公式,并介绍相关的求导法则.

2.2.1　函数四则运算的求导

1. 基本初等函数求导公式

常数函数　$C' = 0$ (C 为常数);

幂函数　$(x^n)' = nx^{n-1}$ (n 为实数);

指数函数　$(a^x)' = a^x \ln a$ ($a > 0$ 且 $a \neq 1$),特别地,$(e^x)' = e^x$;

对数函数　$(\log_a x)' = \dfrac{1}{x \ln a}$ ($a > 0$ 且 $a \neq 1$),特别地,$(\ln x)' = \dfrac{1}{x}$;

三角函数　$(\sin x)' = \cos x$; 　　$(\cos x)' = -\sin x$;

$(\tan x)' = \dfrac{1}{\cos^2 x} = \sec^2 x$; 　$(\cot x)' = -\dfrac{1}{\sin^2 x} = -\csc^2 x$;

$(\sec x)' = \sec x \cdot \tan x$; 　$(\csc x)' = -\csc x \cdot \cot x$;

反三角函数　$(\arcsin x)' = \dfrac{1}{\sqrt{1-x^2}}$; 　$(\arccos x)' = -\dfrac{1}{\sqrt{1-x^2}}$;

$(\arctan x)' = \dfrac{1}{1+x^2}$; 　$(\text{arccot } x)' = -\dfrac{1}{1+x^2}$.

2. 函数四则运算的求导法则

定理 1　设函数 $u = u(x)$,$v = v(x)$ 在点 x 处可导,则

(1) $(u \pm v)' = u' \pm v'$;

(2) $(u \cdot v)' = u' \cdot v + u \cdot v'$,特别地,$(C \cdot u)' = C \cdot u'$ (C 为常数);

(3) $\left(\dfrac{u}{v}\right)' = \dfrac{u' \cdot v - u \cdot v'}{v^2}$ ($v \neq 0$).

注　(1) "和(差)求导"关键在于每项求导,可推广到有限项.

(2) "乘积求导"关键在于轮流求导,可推广到有限项.

例如,设 $u = u(x)$,$v = v(x)$,$w = w(x)$ 可导,则有

$$(u + v - w)' = u' + v' - w', \quad (uvw)' = u'vw + uv'w + uvw'.$$

（3）有时,将函数恒等变形后求导更简单. 例如, $y=\dfrac{1}{x}$ 既可以利用商法则求导,也可以看作 $y=x^{-1}$,根据幂函数求导公式求得 $y'=-x^{-2}=-\dfrac{1}{x^2}$.

例 1 求函数 $y=x^3+e^x-\cos\pi$ 的导数 y'.

解 $y'=(x^3+e^x-\cos\pi)'=(x^3)'+(e^x)'-(\cos\pi)'$
$\qquad =3x^2+e^x-0=3x^2+e^x$.

例 2 求函数 $y=e^x\cos x+\ln 7$ 的导数 y'.

解 $y'=(e^x\cos x)'+(\ln 7)'=(e^x)'\cos x+e^x(\cos x)'+0$
$\qquad =e^x\cos x+e^x(-\sin x)=e^x(\cos x-\sin x)$.

例 3 求函数 $y=\dfrac{3x^2-x\cdot\sqrt{x}}{\sqrt[3]{x^2}}$ 的导数 y'.

解 本题可以用商法则求导,但经下面的恒等变形后求导更为简单.

$y'=\left(\dfrac{3x^2-x^{\frac{3}{2}}}{x^{\frac{2}{3}}}\right)'=(3x^{\frac{4}{3}}-x^{\frac{5}{6}})'=3(x^{\frac{4}{3}})'-(x^{\frac{5}{6}})'$
$\quad =3\cdot\dfrac{4}{3}x^{\frac{1}{3}}-\dfrac{5}{6}x^{-\frac{1}{6}}=4\sqrt[3]{x}-\dfrac{5}{6\sqrt[6]{x}}$.

例 4 验证 $(\tan x)'=\sec^2 x$.

解 $(\tan x)'=\left(\dfrac{\sin x}{\cos x}\right)'=\dfrac{(\sin x)'\cos x-\sin x(\cos x)'}{\cos^2 x}$
$\qquad =\dfrac{\cos x\cos x-\sin x(-\sin x)}{\cos^2 x}$
$\qquad =\dfrac{\cos^2 x+\sin^2 x}{\cos^2 x}=\dfrac{1}{\cos^2 x}=\sec^2 x$.

2.2.2 复合函数及反函数的求导

1. 复合函数的求导法则

定理 2 设函数 $u=g(x)$ 在点 x 处可导,而函数 $y=f(u)$ 在对应点 u 处可导,则复合函数 $y=f(g(x))$ 在点 x 处可导,且其导数为

$$\dfrac{\mathrm{d}y}{\mathrm{d}x}=\dfrac{\mathrm{d}y}{\mathrm{d}u}\cdot\dfrac{\mathrm{d}u}{\mathrm{d}x},$$

或记作

$$[f(g(x))]'=f'_u\cdot g'_x.$$

注 复合函数的导数等于外层(函数对中间变量)求导乘以内层(中间变量对自变量)求导. 复合函数的求导法则,又称为链式法则,可推广到有限次复合的情形. 例如,对于由函数 $y=f(u)$,$u=g(v)$,$v=h(x)$ 复合而成的函数 $y=f(g(h(x)))$,其导数为

$$\frac{\mathrm{d}y}{\mathrm{d}x}=\frac{\mathrm{d}y}{\mathrm{d}u}\cdot\frac{\mathrm{d}u}{\mathrm{d}v}\cdot\frac{\mathrm{d}v}{\mathrm{d}x}.$$

例 5 求函数 $y=\sin 2x$ 的导数 y'.

解 可看作是由函数 $y=\sin u$,$u=2x$ 复合而成,由链式法则可求导数

$$y'=\frac{\mathrm{d}y}{\mathrm{d}x}=\frac{\mathrm{d}y}{\mathrm{d}u}\cdot\frac{\mathrm{d}u}{\mathrm{d}x}=\cos u\cdot 2=2\cos 2x.$$

注 本题也可由倍角公式变形为 $y=2\sin x\cos x$,再应用乘法求导法则.

例 6 求函数 $y=\ln(x^2+3x)$ 的导数 y'.

解 可看作是由函数 $y=\ln u$,$u=x^2+3x$ 复合而成,由链式法则可求导数

$$y'=\frac{\mathrm{d}y}{\mathrm{d}x}=\frac{\mathrm{d}y}{\mathrm{d}u}\cdot\frac{\mathrm{d}u}{\mathrm{d}x}=(\ln u)'_u\cdot(x^2+3x)'_x=\frac{1}{u}\cdot(2x+3)=\frac{2x+3}{x^2+3x}.$$

例 7 求函数 $y=\dfrac{1}{4x-3}$ 的导数 y'.

解 可看作是由函数 $y=\dfrac{1}{u}$,$u=4x-3$ 复合而成. 由链式法则可求导数

$$y'=\frac{\mathrm{d}y}{\mathrm{d}x}=\frac{\mathrm{d}y}{\mathrm{d}u}\cdot\frac{\mathrm{d}u}{\mathrm{d}x}=\left(\frac{1}{u}\right)'_u\cdot(4x-3)'=-\frac{1}{u^2}\cdot 4=-\frac{4}{(4x-3)^2}.$$

在熟练掌握复合函数求导法则后,可以省略中间变量直接计算.

例 8 求函数 $y=(x^3+4x)^{60}$ 的导数 y'.

解 $y'=60(x^3+4x)^{59}\cdot(x^3+4x)'_x=60(x^3+4x)^{59}\cdot(3x^2+4)$.

例 9 求函数 $y=\mathrm{e}^{\sqrt{2x-3}}$ 的导数 y'.

解 $y'=\mathrm{e}^{\sqrt{2x-3}}\cdot(\sqrt{2x-3})'=\mathrm{e}^{\sqrt{2x-3}}\cdot\left[(2x-3)^{\frac{1}{2}}\right]'$

$\qquad=\mathrm{e}^{\sqrt{2x-3}}\cdot\dfrac{1}{2}(2x-3)^{-\frac{1}{2}}(2x-3)'=\dfrac{\mathrm{e}^{\sqrt{2x-3}}}{\sqrt{2x-3}}.$

若用变化率来解释导数的话,复合函数求导法则的意义就是:$y=f(g(x))$ 相对于 x 的变化率,等于 $y=f(u)$ 相对于 u 的变化率乘以 $u=g(x)$ 相对于 x 的变化率.

例 10 设气体以 $100\ \mathrm{cm}^3/\mathrm{s}$ 的常速注入球状气球,假定气体的压力不变,那么当半径为 $10\ \mathrm{cm}$ 时,气球半径增加的速率是多少?

解 分别用字母 V, r 表示气球的体积和半径,它们都是时间 t 的函数,且在 t 时刻气球体积与半径的关系为

$$V(t) = \frac{4}{3}\pi r^3.$$

容易求得 $\dfrac{\mathrm{d}V}{\mathrm{d}r} = \dfrac{4}{3}\pi \cdot 3r^2$,由复合函数求导法则,有

$$\frac{\mathrm{d}V}{\mathrm{d}t} = \frac{\mathrm{d}V}{\mathrm{d}r} \cdot \frac{\mathrm{d}r}{\mathrm{d}t}.$$

又根据题意知 $\dfrac{\mathrm{d}V}{\mathrm{d}t} = 100 \text{ cm}^3/\text{s}$,代入上式得

$$100 = \left(\frac{4}{3}\pi \cdot 3r^2\right)\frac{\mathrm{d}r}{\mathrm{d}t}, \text{ 即 } \frac{\mathrm{d}r}{\mathrm{d}t} = \frac{25}{\pi r^2}.$$

因此,当半径为 10 cm 时,气球半径增加的速率

$$\frac{\mathrm{d}r}{\mathrm{d}t} = \frac{25}{\pi \cdot 10^2} = \frac{1}{4\pi} (\text{cm/s}).$$

2. 反函数的求导法则

定理 3 设单调连续函数 $x = f(y)$ 在点 y 处可导且 $f'(y) \neq 0$,则其反函数 $y = f^{-1}(x)$ 在对应点 x 处可导,且其导数为

$$[f^{-1}(x)]' = \frac{1}{f'(y)} \text{ 或 } \frac{\mathrm{d}y}{\mathrm{d}x} = \frac{1}{\dfrac{\mathrm{d}x}{\mathrm{d}y}}.$$

注 反函数的导数等于直接函数导数的倒数.

例 11 验证 $(\arctan x)' = \dfrac{1}{1+x^2}$.

解 $y = \arctan x$,则 $x = \tan y$. $x = \tan y$ 在 $y \in \left(-\dfrac{\pi}{2}, \dfrac{\pi}{2}\right)$ 是单调连续的,且

$$\frac{\mathrm{d}x}{\mathrm{d}y} = (\tan y)' = \sec^2 y > 0.$$

故由反函数求导法则,

$$(\arctan x)' = y' = \frac{1}{\dfrac{\mathrm{d}x}{\mathrm{d}y}} = \frac{1}{\sec^2 y} = \frac{1}{1+\tan^2 y} = \frac{1}{1+x^2}.$$

例 12 验证 $(\log_a x)' = \dfrac{1}{x \cdot \ln a} (a > 0 \text{ 且 } a \neq 1)$.

解 $y = \log_a x$,则 $x = a^y$. $x = a^y$ 在 $y \in (-\infty, +\infty)$ 是单调连续的,且

$$\frac{\mathrm{d}x}{\mathrm{d}y} = (a^y)' = a^y \cdot \ln a \neq 0.$$

故由反函数求导法则,有

$$(\log_a x)' = y' = \frac{1}{\dfrac{\mathrm{d}x}{\mathrm{d}y}} = \frac{1}{a^y \cdot \ln a} = \frac{1}{x \cdot \ln a}.$$

练习与思考 2-2

1. 求下列函数的导数:

(1) $y = 2x^4 - \dfrac{1}{x^2} + 5x - 1$;

(2) $y = \mathrm{e}^x \cdot \log_2 x$;

(3) $y = \dfrac{x^2}{\sin x}$;

(4) $y = (2x+5)^4$;

(5) $y = \cos(1-3x)$;

(6) $y = \mathrm{e}^{-3x^2}$.

§2.3 导数的运算(二)

2.3.1 二阶导数的概念及其计算

由 §2.1 中的运动学例子可知:位移 $s(t)$ 对时间 t 的导数是速度 $v(t)$;速度 $v(t)$ 对时间 t 的导数是加速度 $a(t)$,即

$$\text{速度 } v(t) = s'(t) = \frac{\mathrm{d}s}{\mathrm{d}t};$$

$$\text{加速度 } a(t) = v'(t) = \frac{\mathrm{d}v}{\mathrm{d}t}.$$

显然,加速度是位移对时间 t 求了一次导后,再求一次导的结果,

$$a(t) = (s'(t))' = \frac{\mathrm{d}}{\mathrm{d}t}\left(\frac{\mathrm{d}s}{\mathrm{d}t}\right),$$

故称加速度是位移对时间的二阶导数,记为

$$a(t) = s''(t) = \frac{\mathrm{d}^2 s}{\mathrm{d}t^2}.$$

定义 1 若函数 $y = f(x)$ 的导函数 $f'(x)$ 仍可导,则称 $f'(x)$ 的导数为函数 $y = f(x)$ 的**二阶导数**,记作 $f''(x)\left(\text{也可记作 } y'' \text{ 或} \dfrac{\mathrm{d}^2 y}{\mathrm{d}x^2} \text{ 或} \dfrac{\mathrm{d}^2 f(x)}{\mathrm{d}x^2}\right)$.

注 (1) 为便于理解,今后常将一阶导数类比为"速度",二阶导数类比为"加

速度".

(2) 类似定义 $y=f(x)$ 的**三阶导数**,记作 $f'''(x)$,也可记作 y''' 或 $\dfrac{d^3 y}{dx^3}$ 或 $\dfrac{d^3 f(x)}{dx^3}$.

一般地,$y=f(x)$ 的 **n 阶导数**,记作 $f^{(n)}(x)$ (也可记作 $y^{(n)}$ 或 $\dfrac{d^n y}{dx^n}$ 或 $\dfrac{d^n f(x)}{dx^n}$).

欲求函数的二阶(或 n 阶)导数,可以利用学过的求导公式及求导法则,对函数逐次求二次(或 n 次)导数.

例 1 设函数 $y=e^{2x}+x^3$,求 y''.

解
$$y'=(e^{2x})'+(x^3)'=2e^{2x}+3x^2,$$
$$y''=(2e^{2x})'+(3x^2)'=4e^{2x}+6x.$$

例 2 设函数 $f(x)=x\cdot \ln x$,求 $f''(1)$.

解
$$f'(x)=(x)'\cdot \ln x+x\cdot (\ln x)'=\ln x+1,$$
$$f''(x)=(\ln x)'+0=\dfrac{1}{x},$$

故 $f''(1)=1$.

注 欲求函数在某点处的导数值,必须先求导再代入求值. 若颠倒次序,其结果总是 0.

2.3.2 隐函数求导

定义 2 像 $y=f(x)$ 这样能直接用自变量 x 的表达式来表示因变量 y 的函数称为**显函数**,而由二元方程 $F(x,y)=0$ 所确定的 y 关于 x 的函数称为**隐函数**,其中因变量 y 不一定能用自变量 x 直接表示出来.

之前我们介绍的方法适用于显函数求导. 但有些隐函数很难甚至不能化为显函数形式,如由方程 $xy-e^x+e^y=0$ 确定的函数. 因此,有必要找出直接由方程 $F(x,y)=0$ 来求隐函数的导数的方法.

隐函数求导法 欲求方程 $F(x,y)=0$ 确定的隐函数 y 的导数 $\dfrac{dy}{dx}$,只要将 y 看成是 x 的函数 $y(x)$,利用复合函数的求导法则,在方程两边同时对 x 求导,得到一个关于 $\dfrac{dy}{dx}$ 的方程,再从中解出 $\dfrac{dy}{dx}$ 即可.

例 3 求由方程 $xy-e^x+e^y=0$ 确定的函数的导数 $\dfrac{dy}{dx}$.

解 将 y 看成 x 的函数 $y(x)$,则 e^y 是复合函数,在方程两边同时对 x 求导得

$$y+x\cdot \dfrac{dy}{dx}-e^x+e^y\cdot \dfrac{dy}{dx}=0,$$

解出隐函数的导数

$$\frac{\mathrm{d}y}{\mathrm{d}x} = \frac{\mathrm{e}^x - y}{x + \mathrm{e}^y}.$$

注 用隐函数求导法所得的导数 $\frac{\mathrm{d}y}{\mathrm{d}x}$ 中允许含有变量 y.

例 4 求由方程 $y^3 + x^3 - 3x = 0$ 确定的函数的导数 $\frac{\mathrm{d}y}{\mathrm{d}x}$.

解 将 y 看成 x 的函数 $y(x)$,则 y^3 是复合函数,在方程两边同时对 x 求导得

$$3y^2 \cdot y'_x + 3x^2 - 3 = 0,$$

解出隐函数的导数

$$\frac{\mathrm{d}y}{\mathrm{d}x} = y'_x = \frac{3 - 3x^2}{3y^2} = \frac{1 - x^2}{y^2}.$$

注 本题也可以将隐函数化为显函数形式 $y = \sqrt[3]{3x - x^3}$,再求导.

例 5 求由方程 $y^5 + 2y - x - 3x^7 = 0$ 所确定的隐函数在 $x = 0$ 处的导数 $\frac{\mathrm{d}y}{\mathrm{d}x}\bigg|_{x=0}$.

解 将 y 看成 x 的函数 $y(x)$,则 y^5 是复合函数,在方程两边同时对 x 求导,得

$$5y^4 \frac{\mathrm{d}y}{\mathrm{d}x} + 2\frac{\mathrm{d}y}{\mathrm{d}x} - 1 - 21x^6 = 0,$$

解出隐函数的导数

$$\frac{\mathrm{d}y}{\mathrm{d}x} = \frac{1 + 21x^6}{5y^4 + 2}.$$

因为当 $x = 0$ 时,从原方程得 $y = 0$,所以

$$\frac{\mathrm{d}y}{\mathrm{d}x}\bigg|_{x=0} = \frac{1}{2}.$$

例 6 求椭圆 $\frac{x^2}{16} + \frac{y^2}{9} = 1$ 在点 $\left(2, \frac{3}{2}\sqrt{3}\right)$ 处的切线方程.

解 由导数的几何意义可知,所求切线的斜率为 $k = y'|_{x=2}$,如图 2-3-1 所示. 椭圆方程的两边分别对 x 求导,有

$$\frac{x}{8} + \frac{2}{9}y \cdot \frac{\mathrm{d}y}{\mathrm{d}x} = 0,$$

从而

$$\frac{dy}{dx} = -\frac{9x}{16y}.$$

当 $x=2$ 时,$y = \frac{3}{2}\sqrt{3}$,代入上式得

$$\left.\frac{dy}{dx}\right|_{x=2} = -\frac{\sqrt{3}}{4}.$$

于是所求的切线方程为 $y - \frac{3}{2}\sqrt{3} = -\frac{\sqrt{3}}{4}(x-2)$,即

$$\sqrt{3}x + 4y - 8\sqrt{3} = 0.$$

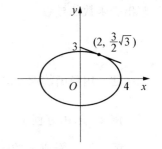

图 2-3-1

2.3.3 参数方程所确定的函数求导

在研究物体运动轨迹时,经常会用参数方程表示曲线.因此有必要讨论对于参数方程所确定的函数求导的一般方法.

参数方程的求导法 若参数方程

$$\begin{cases} x = A(t), \\ y = B(t) \end{cases}$$

确定 y 是 x 的函数,其中,$x = A(t)$,$y = B(t)$ 都可导且 $A'(t) \neq 0$,那么由这个参数方程所确定的函数的导数为

$$\frac{dy}{dx} = \frac{\dfrac{dy}{dt}}{\dfrac{dx}{dt}} = \frac{B'(t)}{A'(t)}.$$

例7 求摆线

$$\begin{cases} x = a(t - \sin t), \\ y = a(1 - \cos t) \end{cases}$$

确定的函数的导数 $\dfrac{dy}{dx}$.

解 由参数方程的求导公式,得

$$\frac{dy}{dx} = \frac{\dfrac{dy}{dt}}{\dfrac{dx}{dt}} = \frac{[a(1-\cos t)]'}{[a(t-\sin t)]'} = \frac{a\sin t}{a(1-\cos t)} = \frac{\sin t}{1-\cos t}.$$

例 8 求椭圆

$$\begin{cases} x = a\cos t, \\ y = b\sin t \end{cases}$$

在 $t = \dfrac{\pi}{4}$ 处的切线方程和法线方程.

解 由参数方程的求导公式,得

$$\frac{dy}{dx} = \frac{\dfrac{dy}{dt}}{\dfrac{dx}{dt}} = \frac{(b\sin t)'}{(a\cos t)'} = \frac{b\cos t}{-a\sin t} = -\frac{b}{a}\cot t.$$

在 $t = \dfrac{\pi}{4}$ 处,切点 $\left(\dfrac{a}{\sqrt{2}}, \dfrac{b}{\sqrt{2}}\right)$,切线斜率为 $-\dfrac{b}{a}\cot\dfrac{\pi}{4} = -\dfrac{b}{a}$,法线斜率为 $\dfrac{a}{b}$;

切线方程为 $y - \dfrac{b}{\sqrt{2}} = -\dfrac{b}{a}\left(x - \dfrac{a}{\sqrt{2}}\right)$,即 $bx + ay - \sqrt{2}\,ab = 0$,

法线方程为 $y - \dfrac{b}{\sqrt{2}} = \dfrac{a}{b}\left(x - \dfrac{a}{\sqrt{2}}\right)$,即 $ax - by - \dfrac{\sqrt{2}}{2}a^2 + \dfrac{\sqrt{2}}{2}b^2 = 0$.

练习与思考 2-3

1. 求下列函数的二阶导数:
(1) $y = 2x^2 + \ln x$; (2) $y = x\cos x$.

2. 求由方程 $x^2 - 2xy + 9 = 0$ 所确定的隐函数的导数 $\dfrac{dy}{dx}$.

3. 求参数方程

$$\begin{cases} x = 2\sin t, \\ y = \cos 2t \end{cases}$$

的导数 $\dfrac{dy}{dx}$.

§2.4 微分——函数变化幅度的数学模型

利用公式 $\Delta y = f(x_0 + \Delta x) - f(x_0)$ 可以计算自变量有微小变化 Δx 时的函数改变量 Δy. 然而,要精确计算 Δy 有时可能很困难;而且在实际应用中,我们往往也只需了解 Δy 的近似值. 如果能用 Δx 的一次项近似表示 Δy,即线性化,就可方便地求 Δy 的近似值. 微分就是实现这种线性化、用以描述函数变化幅度的数学模型.

2.4.1 微分的概念及其计算

1. 微分的定义

引例 一块正方形金属薄片受热均匀膨胀,边长从 x_0 变为 $x_0+\Delta x$,问此薄片的面积改变了多少?

解 记正方形的边长为 x,面积为 y,则 $y=x^2$. 当自变量 x 从 x_0 变为 $x_0+\Delta x$,相应的面积改变量为 $\Delta y=(x_0+\Delta x)^2-(x_0)^2=2x_0\Delta x+(\Delta x)^2$.

显然 Δy 包含两部分:第一部分 $2x_0\Delta x$ 是 Δx 的线性函数,即图 2-4-1 中的阴影面积之和 (S_1+S_3);第二部分 $(\Delta x)^2$ 是图中右上角的正方形面积 S_2. 当 $\Delta x\to 0$ 时,$(\Delta x)^2$ 是比 Δx 高阶的无穷小,说明 $(\Delta x)^2$ 比 $2x_0\Delta x$ 要小得多,可以忽略. 因此,当 $\Delta x\to 0$ 时,面积的改变量 Δy 可以近似地用 $2x_0\Delta x$ 表示,即 $\Delta y\approx 2x_0\Delta x$,并且称 $2x_0\Delta x$ 是面积函数 $y=x^2$ 在点 x_0 处的微分.

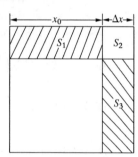

图 2-4-1

由此导出微分的概念.

定义 1 设函数 $y=f(x)$ 在点 x_0 的某个邻域内有定义,当自变量 x 从 x_0 变为 $x_0+\Delta x$,相应的函数改变量为 $\Delta y=f(x_0+\Delta x)-f(x_0)$. 若 Δy 可以表示为

$$\Delta y=A\cdot\Delta x+o(\Delta x),$$

其中 A 必须是与 Δx 无关的常数,$o(\Delta x)$ 是比 Δx 高阶的无穷小 $(\Delta x\to 0)$,即 $A\cdot\Delta x$ 是 Δy 中的线性主部,则称函数 $f(x)$ 在点 x_0 处**可微**,并且称线性主部 $A\cdot\Delta x$ 是函数 $f(x)$ 在点 x_0 处的**微分**,记为

$$\mathrm{d}y|_{x=x_0}=A\cdot\Delta x.$$

微分式 $\mathrm{d}y|_{x=x_0}=A\cdot\Delta x$ 中的 A 到底是什么数呢?下面的定理将给出答案.

定理 1 函数 $y=f(x)$ 在点 x_0 处可微的充要条件是函数 $f(x)$ 在点 x_0 处可导(即"可微"⇔"可导"). 其微分

$$\mathrm{d}y|_{x=x_0}=f'(x_0)\cdot\Delta x.$$

定义 2 若 $f(x)$ 在任意点 x 处可微,则函数 $f(x)$ 在任意点 x 处的微分(称为函数的微分)为

$$\mathrm{d}y=f'(x)\cdot\Delta x.$$

对于函数 $f(x)=x$,其微分为

$$\mathrm{d}f(x)=\mathrm{d}x=x'\Delta x=\Delta x,$$

即 $\mathrm{d}x=\Delta x$. 因此,通常把自变量 x 的改变量 Δx 称为自变量的微分,记为 $\mathrm{d}x$,函数

$y=f(x)$ 的微分

$$\mathrm{d}y = f'(x)\mathrm{d}x.$$

注 在微分定义式两边同时除以 $\mathrm{d}x$,即得 $\dfrac{\mathrm{d}y}{\mathrm{d}x}=f'(x)$. 可见导数可以看作函数的微分与自变量的微分之商,故导数又名"微商".

例 1 设函数 $y=x^3$,求:

(1) 函数 $y=x^3$ 的微分;

(2) 函数在 $x=2$,$\Delta x=0.01$ 时的微分.

解 (1) $\mathrm{d}y = \mathrm{d}(x^3) = (x^3)'\mathrm{d}x = 3x^2\mathrm{d}x$.

(2) $\mathrm{d}y \,|_{x=2} = 3x^2\mathrm{d}x\,|_{x=2,\,\Delta x=0.01} = 0.12$.

2. 微分的几何意义

如图 2-4-2 所示,在曲线 $y=f(x)$ 上取定点 $P(x_0,f(x_0))$、动点 $Q(x_0+\Delta x,f(x_0+\Delta x))$,$PS=\Delta x=\mathrm{d}x$,$QS=\Delta y$. 易知,曲线在点 P 处的切线斜率为 $\dfrac{TS}{PS}$,而根据导数的几何意义,切线 PT 的斜率为 $f'(x_0)$,即得 $TS=f'(x_0)\Delta x=\mathrm{d}y$.

由图 2-4-2 可知,一般地,$\Delta y \neq \mathrm{d}y$. 但是当自变量的改变量 $|\Delta x|$ 很小时(记作 $|\Delta x|$ 很小),切线 PT 与曲线 PQ 差别不大,故可以用切线近似曲线(以直代曲).

于是,可以用切线(在 T 点处)的纵坐标代替曲线(在 Q 点处)的纵坐标,即

$$f(x_0+\Delta x) \approx f(x_0) + f'(x_0)\Delta x$$

(当 $|\Delta x|$ 很小时).

类似地,可以用切线函数的改变量 TS 近似地代替曲线函数的改变量 QS,即

$$\Delta y \approx \mathrm{d}y\,(\text{当}\,|\Delta x|\,\text{很小时}).$$

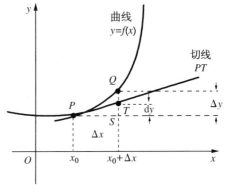

图 2-4-2

3. 微分的运算

要计算函数 $y=f(x)$ 的微分,只要先求出导数 $f'(x)$,再在其后乘以自变量的微分即可,即:微分 $\mathrm{d}y=f'(x)\mathrm{d}x$. 因此根据基本求导公式和求导法则,容易推导出相应的微分基本公式和运算法则.

(1) 基本初等函数的微分公式.

常量函数 $\mathrm{d}(C)=0$(C 为常数);

幂函数 $\mathrm{d}(x^n)=nx^{n-1}\mathrm{d}x$($n$ 为实数);

指数函数 $\mathrm{d}(a^x)=a^x\ln a\,\mathrm{d}x$($a>0$ 且 $a\neq 1$),特别地,$\mathrm{d}(\mathrm{e}^x)=\mathrm{e}^x\mathrm{d}x$;

对数函数 $d(\log_a x) = \dfrac{1}{x \ln a} dx (a>0$ 且 $a \neq 1)$,特别地,$d(\ln x) = \dfrac{1}{x} dx$;

三角函数 $d(\sin x) = \cos x\, dx$; $\quad d(\cos x) = -\sin x\, dx$;

$d(\tan x) = \dfrac{1}{\cos^2 x} dx = \sec^2 x\, dx$; $\quad d(\cot x) = -\dfrac{1}{\sin^2 x} dx = -\csc^2 x\, dx$;

$d(\sec x) = \sec x \cdot \tan x\, dx$; $\quad d(\csc x) = -\csc x \cdot \cot x\, dx$;

反三角函数 $d(\arcsin x) = \dfrac{1}{\sqrt{1-x^2}} dx$; $\quad d(\arccos x) = -\dfrac{1}{\sqrt{1-x^2}} dx$;

$d(\arctan x) = \dfrac{1}{1+x^2} dx$; $\quad d(\operatorname{arccot} x) = -\dfrac{1}{1+x^2} dx$.

(2) 微分的四则运算法则.

设函数 $u = u(x)$,$v = v(x)$ 在点 x 处可微,则有

$$d(u \pm v) = du \pm dv;$$

$$d(uv) = v\, du + u\, dv,\text{ 特别地},d(Cu) = C\, du;$$

$$d\left(\dfrac{u}{v}\right) = \dfrac{v\, du - u\, dv}{v^2}\ (v \neq 0).$$

(3) 一阶微分形式的不变性.

$$df[g(x)] = f'(u)du = f'(g(x))g'(x)dx,\text{ 其中 } u = g(x).$$

设函数 $y = f(u)$ 可微,则它的微分为

$$dy = f'(u)du.$$

设函数 $y = f(u)$,$u = g(x)$ 都可微,则复合函数 $y = f(g(x))$ 的微分为

$$dy = f'_x dx = f'(u)g'(x)dx.$$

而函数 $u = g(x)$ 的微分 $du = g'(x)dx$,故 $y = f(g(x))$ 的微分也可写成

$$dy = f'(u)du.$$

比较上面两段的结果可以看出,不论 u 是自变量,还是中间变量,它的微分形式都是一样的,这一性质称为一阶**微分形式的不变性**.

因此,函数 $y = f(u)$ 的微分形式总可以写成

$$dy = f'(u)du.$$

例 2 $y = \sin(2x+1)$,求 dy.

解 把 $2x+1$ 看成中间变量 u,则

$$dy = d(\sin u) = \cos u\, du = \cos(2x+1)d(2x+1)$$
$$= \cos(2x+1) \cdot 2dx = 2\cos(2x+1)dx.$$

在求复合函数的导数时,可以不写出中间变量. 在求复合函数的微分时,类似地也可以不写出中间变量. 下面用这种方法来求函数的微分.

例 3 $y = \ln(x^2+2)$,求微分 dy.

解 $dy = \dfrac{1}{x^2+2}d(x^2+2) = \dfrac{2x}{x^2+2}dx.$

例 4 $y = e^{1-3x}\cos x$,求 dy.

解 应用积的微分法则,得

$$dy = d(e^{1-3x}\cos x) = \cos x \, d(e^{1-3x}) + e^{1-3x}d(\cos x)$$
$$= (\cos x)e^{1-3x}(-3)dx + e^{1-3x}(-\sin x)dx$$
$$= -e^{1-3x}(3\cos x + \sin x)dx.$$

对于上述例题,可由定理 1 中 $dy = f'(x)dx$ 求得.

例 5 $y = \dfrac{x}{\sqrt{x^2+1}}$,求 dy.

解 $y' = [x(x^2+1)^{-\frac{1}{2}}]' = (x^2+1)^{-\frac{1}{2}} + x \cdot \left(-\dfrac{1}{2}\right)(x^2+1)^{-\frac{3}{2}} \cdot 2x$

$$= (x^2+1)^{-\frac{1}{2}}\left(1 - \dfrac{x^2}{x^2+1}\right) = \dfrac{1}{\sqrt{x^2+1}} - \dfrac{x^2}{(x^2+1)\sqrt{x^2+1}}$$

$$= \dfrac{x^2+1-x^2}{(x^2+1)\sqrt{x^2+1}} = \dfrac{1}{(x^2+1)\sqrt{x^2+1}},$$

所以,

$$dy = \dfrac{1}{(x^2+1)\sqrt{x^2+1}}dx.$$

例 6 在下列等式左端的括号中填入适当的函数,使等式成立:

(1) $d(\quad) = x\,dx$; (2) $d(\quad) = \cos \omega t\,dt.$

解 (1) 已知 $d(x^2) = 2x\,dx$,$x\,dx = \dfrac{1}{2}d(x^2) = d\left(\dfrac{x^2}{2}\right)$,则

$$d\left(\dfrac{x^2}{2}\right) = x\,dx.$$

一般地,有

$$d\left(\dfrac{x^2}{2} + C\right) = x\,dx\,(C\text{ 为任意常数}).$$

(2) 因为 $d(\sin \omega t) = \omega \cos \omega t\,dt$,可见

$$\cos \omega t\,dt = \dfrac{1}{\omega}d(\sin \omega t) = d\left(\dfrac{1}{\omega}\sin \omega t\right),$$

即

$$d\left(\dfrac{1}{\omega}\sin \omega t\right) = \cos \omega t\,dt.$$

一般地,有 $d\left(\dfrac{1}{\omega}\sin\omega t + C\right) = \cos\omega t\, dt$ (C 为任意常数).

2.4.2 微分作近似计算——函数局部线性逼近

由微分的几何意义可知:当 $|\Delta x|$ 很小时,
$$f(x_0 + \Delta x) \approx f(x_0) + f'(x_0)\Delta x.$$
若令 $x = x_0 + \Delta x$,则定理 2 提供了求函数近似值的方法.

定理 2 若函数 $f(x)$ 在点 x_0 处可导,$f(x_0)$ 已知(或容易计算),如果点 x 在 x_0 点附近(即 $|x - x_0|$ 很小时),那么函数值 $f(x)$ 可用下列线性逼近公式近似:
$$f(x) \approx f(x_0) + f'(x_0)(x - x_0) \ (\text{当}\ |x - x_0|\ \text{很小时}).$$

注 (1) 特别地,当 $x_0 = 0$ 且 $|x|$ 很小时,有 $f(x) \approx f(0) + f'(0)x$.

(2) 线性逼近公式的本质是"以直代曲",故可以先求曲线 $f(x)$ 在点 x_0 处的切线方程,当点 x 在切点 x_0 附近时,即可用切线近似曲线.

例 7 利用线性近似,求函数 $f(x) = \ln x$ 在 $x = 1.05$ 处的函数近似值.

解 注意到 $f(1.05) = \ln 1.05$ 不易计算,但 $f(1) = 0$. 由于点 $x = 1.05$ 与点 $x_0 = 1$ 很接近,故考虑用 $f(x)$ 在 $x_0 = 1$ 处的切线
$$y = f(0) + f'(x_0)(x - x_0) = \ln 1 + (\ln x)'|_{x=1}(x - 1) = x - 1$$
来近似曲线 $f(x) = \ln x$,即 $\ln x \approx x - 1$,则
$$\ln 1.05 \approx 1.05 - 1 = 0.05.$$

例 8 利用线性近似,试估计 $e^{0.02}$ 的值.

解 设 $f(x) = e^x$,注意到 $f(0) = 1$,不妨设点 $x_0 = 0$,$x = 0.02$. 由于点 x 很接近 x_0,可以用 $f(x)$ 在 $x_0 = 0$ 处的切线
$$y = f(x_0) + f'(x_0)(x - x_0) = e^0 + e^0(x - 0) = 1 + x$$
近似曲线 $f(x) = e^x$,即 $e^x \approx 1 + x$,则
$$e^{0.02} \approx 1 + 0.02 = 1.02.$$

练习与思考 2-4

1. 求 $y = 2x^2 + 1$ 在 $x = 2$ 处自变量改变量 $\Delta x = 0.01$ 时,函数的改变量 Δy 及其微分 dy.

2. 求下列函数的微分:

(1) $y = \dfrac{1}{x} + 2\sqrt{x}$; (2) $y = x\sin 2x$.

3. 将适当的函数填入下列括号内,使等式成立:

(1) $d($ $) = 2dx$; (2) $d($ $) = 3x\, dx$;

(3) d( ) = $\cos x \, dx$; (4) d( ) = $\sin 2x \, dx$.

本 章 小 结

一、基本思想

导数与微分是微分学的两个基本概念,在自变量微小变化下,它们各自刻画了函数的变化速率与变化幅度.导数是用极限定义的,是函数改变量与自变量改变之比(商式)的极限;微分是函数的改变量的线性主部.

变化率分析法是微积分的基本分析法,有着广泛的应用.

"以直代曲"思想的局部线性化方法也是微积分的基本分析法,不仅可作近似计算,而且在定积分概念及应用中起到重要作用.

二、主要内容

1. 导数与微分的概念

(1) 导数 $\dfrac{dy}{dx}$(或 $f'(x)$)表示当自变量改变量很小时,函数 $y=f(x)$ 相对于自变量 x 的变化(速)率.

微分 dy(且 $dy=f'(x)dx$)是函数改变量 Δy 中的线性主部,反映了函数的变化幅度.

(2) 函数 $y=f(x)$ 在点 x_0 处的导数(或称瞬时变化率)
$$f'(x_0)=\lim_{\Delta x \to 0}\frac{\Delta y}{\Delta x}=\lim_{\Delta x \to 0}\frac{f(x_0+\Delta x)-f(x_0)}{\Delta x}=\lim_{x \to x_0}\frac{f(x)-f(x_0)}{x-x_0}.$$

函数 $y=f(x)$ 在点 x_0 处的微分
$$dy\big|_{x=x_0}=f'(x_0)dx.$$

(3) 函数 $y=f(x)$ 在点 x_0 处"可导"$\Leftrightarrow$"可微",但"可导"$\underset{\not\Leftarrow}{\Rightarrow}$"连续".

2. 导数与微分的几何意义

如图所示,可以确定导数与微分的几何意义如下:

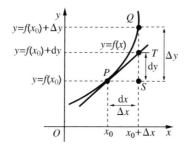

(1) 导数 $f'(x_0)$ 为曲线 $f(x)$ 在点 x_0 处的切线斜率,微分 dy 为曲线 $f(x)$ 在点 x_0 处切线的纵坐标改变量.

(2) 曲线 $y=f(x)$ 在点 $(x_0,f(x_0))$ 处的切线方程为
$$y-f(x_0)=f'(x_0)(x-x_0),$$
法线方程为
$$y-f(x_0)=-\frac{1}{f'(x_0)}(x-x_0), f'(x_0)\neq 0 \text{ 时}.$$

3. 导数的物理意义

(1) 位移函数 $s=s(t)$ 对时间 t 的一阶导数为速度:
$$v(t)=s'(t)=\frac{ds}{dt};$$

(2) 位移函数 $s=s(t)$ 对时间 t 的二阶导数为加速度:
$$a(t)=v'(t)=s''(t)=\frac{d^2s}{dt^2}.$$

4. 导数的计算

函数 $f(x)$ 在点 x_0 处的导数 $f'(x_0)=f'(x)|_{x=x_0}$ (先求导再代入). 求导函数的方法如下:

(1) 基本初等函数求导公式.

(2) 四则运算求导法则:
$$(u\pm v)'=u'\pm v'; (u\cdot v)'=u'\cdot v+u\cdot v'; \left(\frac{u}{v}\right)'=\frac{u'\cdot v-u\cdot v'}{v^2}(v\neq 0).$$

(3) 复合函数求导法则:由 $y=f(u), u=g(x)$ 复合而成的函数的导数为 $\frac{dy}{dx}=\frac{dy}{du}\cdot\frac{du}{dx}$.

(4) 反函数求导法则:反函数的导数等于直接函数导数的倒数,即 $\frac{dy}{dx}=\frac{1}{\frac{dx}{dy}}$.

(5) 隐函数求导法:将 $F(x,y)=0$ 中的 y 看成 x 的函数,对方程两边关于 x 求导,解出 $\frac{dy}{dx}$.

(6) 由参数方程
$$\begin{cases}x=A(t),\\y=B(t)\end{cases}$$

所确定的函数的求导法,导数 $\frac{dy}{dx}=\frac{\frac{dy}{dt}}{\frac{dx}{dt}}=\frac{B'(t)}{A'(t)}.$

5. 微分的计算及应用

(1) 微分 $dy=f'(x)dx$.

(2) 微分的运算.

(3) 微分作近似计算:
$$f(x_0+\Delta x)\approx f(x_0)+f'(x_0)\Delta x (\Delta x \text{ 很小}).$$

第 3 章

导数的应用

微分中值定理不仅是微分学的基本定理,而且它也是微分学的理论基础.导数的许多重要应用(如判定单调性、凹凸性、洛必达法则等),都是借助微分中值定理给出严密证明.微分中值定理是一系列中值定理的总称,其中最重要的内容是拉格朗日定理,可以说其他中值定理都是拉格朗日中值定理的特殊情况或推广,它们是众多数学家经历了漫长的岁月不断研究逐步完善的成果.

微分中值定理有着明显的几何意义.早在公元前,古希腊数学家在几何研究中就发现:"过抛物线弓形的顶点的切线必平行于抛物线弓形的底",这正是拉格朗日定理的特殊情况.据此结论,阿基米德求出了抛物线弓形的面积.意大利数学家卡瓦列里在1635年提出了几何形式的微分中值定理(卡瓦列里定理):"曲线段上必有一点的切线平行于曲线的弦."

1637年,法国数学家费马在《求最大值和最小值的方法》中给出费马定理,人们通常将它作为第一个微分中值定理.1691年,法国数学家罗尔在《方程的解法》中给出多项式形式的罗尔定理.1797年,法国数学家拉格朗日在《解析函数论》中给出拉格朗日定理,并给出最初的证明.之后,法国数学家柯西对微分中值定理进行了系统研究,以严格化为其主要目标,赋予中值定理以重要作用,使其成为微分学的核心定理.在《无穷小计算教程概论》中,柯西首先严格地证明了拉格朗日定理,又在《微分计算教程》中将其推广为广义中值定理——柯西定理.从而发现了最后一个微分中值定理.

本章将以微分中值定理为理论基础,以导数为工具研究函数的形态,求函数的极值、最值、未定式极限.

§3.1 函数的单调性与极值

3.1.1 拉格朗日微分中值定理

定理 1(拉格朗日微分中值定理) 如果函数 $y=f(x)$ 在闭区间 $[a,b]$ 上连

续,在开区间(a,b)内可导,则在(a,b)内至少存在一点ξ,使

$$\frac{f(b)-f(a)}{b-a}=f'(\xi).$$

如图 3-1-1 所示,弦 AB 的斜率为$\frac{f(b)-f(a)}{b-a}$,C 点处的切线斜率为$f'(\xi)$.

定理 1 的几何意义是:在定理所给的条件下,可微曲线弧 $\overset{\frown}{AB}$ 上至少存在一点 C(非端点),使 C 点的切线平行于弦 AB.

图 3-1-2 表明,如果定理中有任一条件不满足,就不能保证在曲线弧上存在点 C,使该点切线平行弦 AB,即不能保证定理成立.

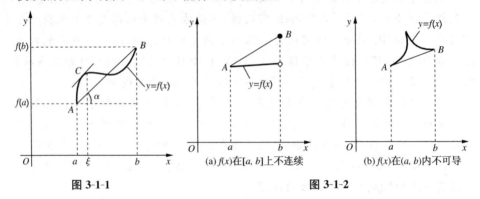

图 3-1-1　　　　　　　　　　　图 3-1-2

定理 2(罗尔定理)　设函数 $y=f(x)$ 在闭区间$[a,b]$上连续,在开区间(a,b)内可导,且 $f(a)=f(b)$,则在(a,b)内至少存在一点ξ,使

$$f'(\xi)=0.$$

下面的 3 个函数表明,罗尔定理中任意一个条件不满足时,都可能导致定理结论不成立.

$$f_1(x)=\begin{cases}x,&x\in[-1,1),\\0,&x=1;\end{cases}\qquad\text{(不连续)}$$
$$f_2(x)=|x|,\ x\in[-1,1];\qquad\text{(不可导)}$$
$$f_3(x)=x,\ x\in[-1,1].\qquad(f(a)\neq f(b))$$

定理 1 和定理 2 中的条件都是充分而非必要条件,即使当定理中的任何一个条件都不满足时,定理的结论仍然有可能成立.

例 1　验证函数 $f(x)=x^3+3x$ 在闭区间$[-2,3]$上满足拉格朗日微分中值定理的条件,并求 ξ 的值.

解　$f(x)=x^3+3x$ 显然是定义在$[-2,3]$上的一个初等函数,由初等函数

的性质可知，$f(x)=x^3+3x$ 在 $[-2,3]$ 上连续，且在 $(-2,3)$ 上可微，所以，$f(x)=x^3+3x$ 满足拉格朗日微分中值定理的条件.

由拉格朗日微分中值定理可知，存在 $\xi\in(-2,3)$，使

$$f'(\xi)=\frac{f(3)-f(-2)}{3-(-2)}.$$

又因为 $f'(x)=3x^2+3$，所以，$3\xi^2+3=\dfrac{36-(-14)}{5}$，即 $\xi=\pm\dfrac{\sqrt{21}}{3}$.

由于 $\xi=\pm\dfrac{\sqrt{21}}{3}\in(-2,3)$，故 $\pm\dfrac{\sqrt{21}}{3}$ 都是满足拉格朗日微分中值定理条件的 ξ 值.

3.1.2 函数的单调性

如图 3-1-3 所示，如果函数 $y=f(x)$ 在 $[a,b]$ 上单调增加(或单调减少)，则它的图形是一条沿 x 轴正向上升(或下降)的曲线，曲线上各点处的切线倾角 α 是锐角(或钝角)，即切线斜率 $f'(x)=\tan\alpha>0$(或 <0). 由此可见，函数单调性与其导数的正负有关，下面给出判断函数单调性的充分条件.

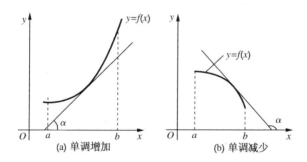

图 3-1-3

定理 3(函数单调性的判定法) 设函数 $y=f(x)$ 在 $[a,b]$ 上连续，在 (a,b) 内可导，那么

(1) 如果在 (a,b) 内 $f'(x)>0$，则函数 $y=f(x)$ 在 $[a,b]$ 上单调增加;

(2) 如果在 (a,b) 内 $f'(x)<0$，则函数 $y=f(x)$ 在 $[a,b]$ 上单调减少.

证明 在 (a,b) 内任取两点，不妨设 $x_1<x_2$，则 $f(x)$ 在 $[x_1,x_2](\subset(a,b))$ 上满足拉格朗日微分中值定理的条件，在 (x_1,x_2) 内至少存在一点 ξ，使

$$\frac{f(x_2)-f(x_1)}{x_2-x_1}=f'(\xi).$$

由于在 (a,b) 内 $f'(x)>0$(或 <0),自然 $f'(\xi)>0$(或 <0),且 $x_2-x_1>0$,有 $f(x_2)-f(x_1)=f'(\xi)(x_2-x_1)>0$(或 <0),即 $f(x_2)>$(或 $<$) $f(x_1)$. 由于所取 x_1,x_2 是任意的,因此 $f(x)$ 在 $[a,b]$ 上单调增加(或单调减少).

注 (1) 定理 3 中的有限区间改成各种无限区间,结论仍成立.

(2) 定理 3 中的条件 $f'(x)>0$(或 <0)改为 $f'(x)\geqslant 0$(或 $\leqslant 0$),结论仍成立,即区间内个别点处导数为零并不影响函数在该区间上的单调性. 例如 $y=x^3$ 在 $(-\infty,+\infty)$ 内单调增加,但其导数 $y'=3x^2$ 在 $x=0$ 处为零, $y=-x^3$ 在 $(-\infty,+\infty)$ 内单调减少,但其导数 $y'=-3x^2$ 在 $x=0$ 处为零.

例 2 讨论函数 $y=x^3-3x$ 的单调性.

解 所给函数的定义域为 $(-\infty,+\infty)$,且

$$y'=3x^2-3=3(x^2-1).$$

因为在 $(-\infty,-1)$ 和 $(1,+\infty)$ 内 $y'>0$,所以 $y=x^3-3x$ 在 $(-\infty,-1]$ 和 $[1,+\infty)$ 上单调增加;在 $(-1,1)$ 内 $y'<0$,所以 $y=x^3-3x$ 在该区间上单调减少.

如图 3-1-4 所示, $x=-1$ 和 $x=1$ 是函数单调增加区间与单调减少区间的分界点,且 $y'|_{x=-1}=0$,$y'|_{x=1}=0$. 虽然函数 $y=x^3-3x$ 在定义域内不是单调的,但用导数等于零的点把定义域划分成 3 个小区间后,可使函数在这些小区间上变成单调的. 我们把这些单调的小区间称为**单调区间**.

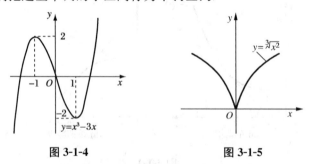

图 3-1-4　　　　图 3-1-5

例 3 讨论函数 $y=\sqrt[3]{x^2}$ 的单调性.

解 函数定义域为 $(-\infty,+\infty)$,且当 $x\neq 0$ 时,

$$y'=\frac{2}{3\sqrt[3]{x}}.$$

显然, $x=0$ 时函数的导数不存在. 但在 $(-\infty,0)$ 内, $y'<0$,即函数在 $(-\infty,0]$ 上单调减少;在 $(0,+\infty)$ 内, $y'>0$,即函数在 $[0,+\infty)$ 上单调增加.

如图 3-1-5 所示, $x=0$ 是函数单调减少区间与单调增加区间的分界点,且函数在该点的导数不存在.

由上述两例,可得讨论函数 $y=f(x)$ 单调性的步骤如下:

(1) 确定函数的定义域,求出一阶导数 y';

(2) 求出使 $y'=0$ 的所有 x 值(称为驻点)和 y' 不存在的点(称为不可导点);

(3) 用(2)中求得的点把定义域划分成若干个小区间,列表讨论在各个小区间上的导数符号,判定在各个小区间上的函数的单调性.

例 4 判定函数 $y=\dfrac{\ln x}{x}$ 的单调区间.

解 (1) 函数的定义域为 $(0,+\infty)$,且 $y'=\dfrac{1-\ln x}{x^2}$.

(2) 令 $y'=0$,解得 $x=e$.

(3) 用 $x=e$ 把定义域 $(0,+\infty)$ 划分成 2 个小区间,列表 3-1-1 讨论.

表 3-1-1

x	$(0, e)$	e	$(e, +\infty)$
$f'(x)$	$+$	0	$-$
$f(x)$	↗		↘

由表 3-1-1 可见函数在 $[0, e]$ 上单调增加,在 $[e, +\infty)$ 上单调减少.

例 5 求函数 $y=x^3-3x^2-9x+14$ 的单调区间.

解 (1) 函数定义域为 $(-\infty,+\infty)$,且

$$y'=3x^2-6x-9=3(x+1)(x-3).$$

(2) 令 $y'=0$,解得 $x_1=-1$,$x_2=3$.

(3) 用 $x_1=-1$,$x_2=3$ 把定义域 $(-\infty,+\infty)$ 划分成 3 个小区间,列表 3-1-2 讨论.

表 3-1-2

x	$(-\infty, -1)$	-1	$(-1, 3)$	3	$(3, +\infty)$
y'	$+$	0	$-$	0	$+$
y	↗		↘		↗

可见函数在 $(-\infty,-1]$,$[3,+\infty)$ 上单调增加,在 $[-1,3]$ 上单调减少.

例 6 判定函数 $y=(2x-5)\sqrt[3]{x^2}$ 的单调区间.

解 (1) 函数定义域为 $(-\infty,+\infty)$,且

$$y'=2\sqrt[3]{x^2}+(2x-5)\dfrac{2}{3\sqrt[3]{x}}=\dfrac{10(x-1)}{3\sqrt[3]{x}}.$$

(2) 令 $y'=0$,解得 $x=1$;而 $x=0$ 时,y' 不存在.

(3) 用 $x=0$,$x=1$ 把定义域 $(-\infty,+\infty)$ 划分成 3 个小区间,列表 3-1-3 讨论.

表 3-1-3

x	$(-\infty,0)$	0	$(0,1)$	1	$(1,+\infty)$
y'	+	不存在	−	0	+
y	↗		↘		↗

可见函数在$(-\infty,0)$,$(1,+\infty)$上单调增加,在$(0,1)$上单调减少.

3.1.3 函数的极值

如图 3-1-4 所示,点$(-1,2)$并非曲线 $y=x^3-3x$ 的最高点,说明在整个定义域上,函数值$f(-1)=2$并非函数的最大值.但是,若仅仅关注点 $x=-1$ 的某个小邻域,显然,在该点左右邻近的所有点的函数值都小于$f(-1)$,即在这个小邻域内,函数在 $x=-1$ 取到最大值.类似地,在整个定义域上,函数值$f(1)=-2$并非最小值;但在 $x=1$ 的某个邻域内,它是最小值.为了便于像这样局部地研究函数在某邻域内的最值,引进极值的概念.例如,图 3-1-4 中分别称 $f(-1)=2$,$f(1)=-2$ 为函数的极大值和极小值.

定义 1 设函数 $y=f(x)$ 在 x_0 的某邻域 $U(x_0,\delta)$ 内有定义,如果当 $x\in \overset{\circ}{U}(x_0,\delta)$ 时,恒有
$$f(x)>f(x_0)(\text{或 }f(x)<f(x_0)),$$
则称 $f(x_0)$ 是函数 $y=f(x)$ 的一个**极小值**(或**极大值**).

函数的极小值和极大值统称为函数的**极值**,使函数取得极值的点称为**极值点**.例如,在图 3-1-6 中,x_1,x_4,x_6 是极大值点,x_2,x_5 是极小值点.

注 (1) 极值是局部概念,故有可能发生极小值大于极大值的情况.例如,在图 3-1-6 中,$f(x_5)>f(x_1)$.

(2) 观察图 3-1-6 中的极值点,发现取到极值的点不外乎两类情况:不可导的点(如 x_4)及驻点(如 x_6,该点具有水平切线,即一阶导数为 0).反之,这样的点不一定是极值点(如 x_3).因此,将函数的驻点和不可导的点统称为**极值可疑点**.

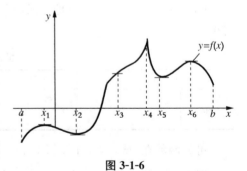

图 3-1-6

定理 4(极值的必要条件) 如果函数 $f(x)$ 在点 x_0 处可导,且在 x_0 处取得极值,则 $f'(x_0)=0$.

对于极值可疑点,还需进一步分析判定是否在该点取到极值.观察图 3-1-6,容

易发现:在极值点的左右两侧函数单调性相反(对于极大值点两侧,是先增后减;对于极小值点两侧,是先减后增);而在非极值点(如 x_3)的左右两侧,函数的单调性相同.结合定理 3,给出求极值的第一充分条件.

定理 5(极值第一判定法) 设 $f(x)$ 在点 x_0 的某邻域 $U(x_0,\delta)$ 内连续,在点 x_0 的去心邻域 $\mathring{U}(x_0,\delta)$ 内可导,那么

(1) 如果当 $x\in(x_0-\delta,x_0)$ 时 $f'(x)>0$,当 $x\in(x_0,x_0+\delta)$ 时 $f'(x)<0$,则 $f(x_0)$ 是函数 $f(x)$ 的极大值;

(2) 如果当 $x\in(x_0-\delta,x_0)$ 时 $f'(x)<0$,当 $x\in(x_0,x_0+\delta)$ 时 $f'(x)>0$,则 $f(x_0)$ 是函数 $f(x)$ 的极小值;

(3) 如果在 x_0 的左右邻域 $f'(x)$ 同号,则 $f(x_0)$ 不是 $f(x)$ 的极值.

综上分析,求连续函数 $f(x)$ 极值的步骤如下:

(1) 确定函数的定义域,求出一阶导数 $f'(x)$;

(2) 求出 $f(x)$ 的全部驻点及不可导点;

(3) 用驻点与不可导点把定义域划分成若干个小区间,列表确定各个小区间上 $f'(x)$ 的符号,进而确定函数的极值;

(4) 算出各极值点的函数值,得到 $f(x)$ 的全部极值.

例 7 求 $f(x)=x^3-6x^2+9x+5$ 的极值.

解 (1) $f(x)$ 在定义域 $(-\infty,+\infty)$ 上连续,且
$$f'(x)=3x^2-12x+9=3(x-1)(x-3).$$

(2) 令 $f'(x)=0$,得驻点 $x_1=1$,$x_2=3$.

(3) 用 $x_1=1$,$x_2=3$ 把定义域 $(-\infty,+\infty)$ 划分成 3 个小区间,列表 3-1-4 讨论.

表 3-1-4

x	$(-\infty,1)$	1	$(1,3)$	3	$(3,+\infty)$
$f'(x)$	+	0	−	0	+
$f(x)$	↗	极大值	↘	极小值	↗

(4) 算出函数 $f(x)$ 的极大值为 $f(1)=9$,极小值为 $f(3)=5$.

例 8 求 $f(x)=(5-x)x^{2/3}$ 的极值.

解 (1) $f(x)$ 在定义域 $(-\infty,+\infty)$ 上连续,且
$$f'(x)=-x^{2/3}+(5-x)\cdot\frac{2}{3}x^{-1/3}=\frac{-5(x-2)}{3\sqrt[3]{x}}.$$

(2) 令 $f'(x)=0$,得驻点 $x=2$;而 $x=0$ 时,$f'(x)$ 不存在.

(3) 列表 3-1-5 讨论.

表 3-1-5

x	$(-\infty,0)$	0	$(0,2)$	2	$(2,+\infty)$
$f'(x)$	$-$	不存在	$+$	0	$-$
$f(x)$	↘	极小值	↗	极大值	↘

(4) 算出 $f(x)$ 的极大值 $f(2)=3\sqrt[3]{4}$,极小值 $f(0)=0$,如图 3-1-7 所示.

如果函数 $f(x)$ 在驻点处具有非零二阶导数,还有函数极值第二充分条件.

定理 6(极值第二判定法) 设 $f(x)$ 在 x_0 处具有二阶导数,且 $f'(x_0)=0$,$f''(x_0)\neq 0$,那么

(1) 当 $f''(x_0)<0$ 时,则 $f(x)$ 在 x_0 处取得极大值;

(2) 当 $f''(x_0)>0$ 时,则 $f(x)$ 在 x_0 处取得极小值.

注 若函数具有不可导的点或者在驻点处的二阶导数为零时,只能用定理 5 判定极值.

例 9 求函数 $f(x)=(x^2-1)^3+1$ 的极值.

解 (1) $f'(x)=6x(x^2-1)^2$,$f''(x)=6(x^2-1)(5x^2-1)$.

(2) 令 $f'(x)=0$,得驻点 $x_1=-1,x_2=0,x_3=1$.

(3) 因为 $f''(0)=6>0$,故 $f(x)$ 在 $x=0$ 处取到极小值 $f(0)=0$.

因为 $f''(-1)=0$,定理 6 无法判定,还需用定理 5 判定. $x=-1$ 处左端 $f'(x)<0$,右端即 $x\in(-1,0)$ 时,$f'(x)<0$,按定理 4(3),$f(x)$ 在 $x=-1$ 处没有极值.同理,在 $x=1$ 处函数也没有极值,如图 3-1-8 所示.

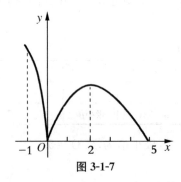

图 3-1-7

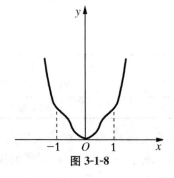

图 3-1-8

练习与思考 3-1

1. 设 $f(x)$ 在 x_0 的某邻域内连续,则 x_0 为函数 $f(x)$ 的驻点或不可导点是 $f(x)$ 在 x_0 处

取得极值的_____条件.(选填"充分"、"必要"、"充要".)

2. 设 $f'(x_0)=0, f''(x_0)=0$,则函数 $y=f(x)$ 在 $x=x_0$ 处( ).
   A. 一定有极大值；
   B. 一定有极小值；
   C. 不一定有极值；
   D. 一定没有极值.

3. 求下列函数的单调区间,并求极值:
   (1) $y=-3x^2+6x$；
   (2) $f(x)=x^3-6x^2+9x$.

§3.2 函数的最值——函数最优化的数学模型

在生产、管理及科学实验中,常常会遇到一类问题:在一定条件下,如何使"产量最多"、"用料最省"、"成本最低"、"效率最高"等.这类问题在数学上常常可归结为函数的最值问题.本节将以导数为工具,研究这类最优化问题.

3.2.1 函数的最值

从上节的讨论可知,函数的最值与函数的极值是两个不同的概念.前者是整体概念,是就整个定义域而言的；后者是局部概念,仅就某个邻域而言.

定理1(最值存在定理) 设函数 $f(x)$ 在闭区间 $[a,b]$ 上连续,根据闭区间上连续函数的性质可知,函数 $f(x)$ 在 $[a,b]$ 上一定可以取得最大值和最小值.

这是因为 $f(x)$ 在闭区间 $[a,b]$ 上每一点处都连续(包括 a 处右连续, b 处左连续),自然在每一点处函数值都存在.若函数 $f(x)$ 在区间 $[a,b]$ 上单调,显然 $f(x)$ 至少在端点处能够取到最大值或最小值.若 $f(x)$ 在区间 $[a,b]$ 上不单调,因为 $f(x)$ 连续,所以 $f(x)$ 的定义域 $[a,b]$ 可以划分为几个连续不断的小区间,且在划分后的这些小区间上单调,此时 $f(x)$ 的最大值或最小值应该在定义域的端点处或小区间与小区间的分界点处取到.

图 3-2-2 表明,若定理中的"闭区间"或"连续"两个条件中有一个不满足,就不能保证函数存在最大值、最小值.

观察图 3-2-1,发现取到最值的点不外乎两类情况:端点(如 a)以及极值点(如 x_2, x_3).反之,这样的点未必是最值点(如 b, x_1).为了便于分析最值,不妨将极值可疑点及端点作为最值可疑点来讨论.于是得到在闭区间 $[a,b]$ 上求连续函数 $f(x)$ 的最值的步骤:

(1) 求出函数 $f(x)$ 在开区间 (a,b) 内所有驻点及不可导点；

(2) 比较端点 a,b 及(1)中求得点处的函数值,函数值最大者为最大值,最小者为最小值.

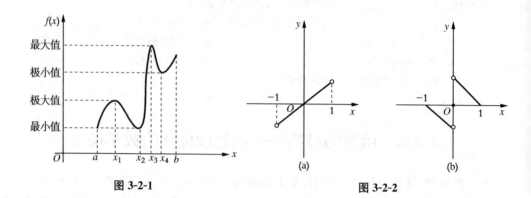

图 3-2-1

图 3-2-2

例1 求函数 $f(x)=x^3-3x+3$ 在闭区间 $[-3,3]$ 上的最大值及最小值.

解 函数 $f(x)=x^3-3x+3$ 在闭区间 $[-3,3]$ 上显然连续,因此由定理1可知,$f(x)$ 在 $[-3,3]$ 上存在最大值和最小值.

(1) 函数 $f(x)$ 的导数 $f'(x)=3x^2-3=3(x+1)(x-1)$,令 $f'(x)=0$,得到驻点 $x_1=-1$,$x_2=1$.

(2) 计算函数值驻点及端点处的函数值 $f(-1)=5$,$f(1)=1$,$f(-3)=-15$,$f(3)=21$. 比较这些函数值,可得 $f(x)$ 在 $[-3,3]$ 上存在最大值 $f(3)=21$,最小值 $f(-3)=-15$.

例2 求函数 $f(x)=\sqrt[3]{(x^2-2x)^2}$ 在 $[-1,4]$ 上的最大值及最小值.

解 初等函数 $f(x)=\sqrt[3]{(x^2-2x)^2}$ 在定义区间 $(-\infty,\infty)$ 内连续,自然在 $[-1,4]$ 上连续,按定理1,则 $f(x)$ 在 $[-1,4]$ 上存在最大值及最小值.

(1) 求函数的导数

$$f'(x)=\frac{2}{3}(x^2-2x)^{-\frac{1}{3}}(2x-2)=\frac{4(x-1)}{3\sqrt[3]{x^2-2x}},$$

令 $f'(x)=0$,得驻点 $x=1$;而 $x=0$ 及 $x=2$ 为 $f(x)$ 的不可导点.

(2) 计算函数值 $f(1)=1$,$f(0)=0$,$f(2)=0$;$f(-1)=\sqrt[3]{9}$,$f(4)=4$.

比较这些函数值,可得 $f(x)$ 在 $[-1,4]$ 上的最大值是 $f(4)=4$,最小值是 $f(0)=f(2)=0$. 即:函数在 $[-1,4]$ 上有一个最大值,两个最小值.

注 (1) 如果函数在 $[a,b]$ 上是单调函数,则最值分别在两个端点处取到;

(2) 如果连续函数 $f(x)$ 在区间(包括无限区间)内具有唯一极值,或者是极大值,或者是极小值,则该极值同时也是函数的最大值或最小值,如图 3-2-3 所示.

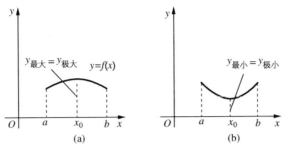

图 3-2-3

3.2.2 实践中的最优化问题举例

求实际问题的最值,首先必须建立函数关系.由于实际意义的考量,往往只需要求函数的最大值或最小值(如对于利润函数,只需要求它的最大值).如果实际问题存在相应最值,且在所讨论的区间内函数具有唯一驻点,函数必在该点取到相应的最值.

例 3 在科学实验中,度量某量 n 次,得 n 个数值 $a_1, a_2, \cdots, a_n$. 试证:当该量 x 取 $\dfrac{1}{n}(a_1 + a_2 + \cdots + a_n)$ 时,可使 x 与 $a_1, a_2, \cdots, a_n$ 之误差平方和

$$Q(x) = (x - a_1)^2 + (x - a_2)^2 + \cdots + (x - a_n)^2$$

达到最小.

证 $\quad Q'(x) = 2(x - a_1) + 2(x - a_2) + \cdots + 2(x - a_n).$

令 $Q'(x) = 0$,得唯一驻点

$$x = \frac{1}{n}(a_1 + a_2 + \cdots + a_n).$$

由于 $Q''(x) = 2n > 0$,因此该驻点是 $Q(x)$ 的极小值点. 由于 $Q(x)$ 在所论的区间只有一个极小值点,没有极大值点,因此当 $x = \dfrac{1}{n}(a_1 + a_2 + \cdots + a_n)$ 时, $Q(x)$ 达到最小.

例 3 表明,当度量某量 n 次,用度量值的算术平均值近似该量,可使形成的误差平方和最小. 这就是生活中常取度量值的算术平均值作该量近似值的原因.

例 4 设工厂 A 到铁路垂直距离为 20km,垂足为 B. 铁路上距 B 为 100km 处有一原料供应站,如图 3-2-4 所示. 现要在铁路 BC 段上选一处 D 修建一个原料中转站,再由中转站 D 向工厂 A 修一条连接 DA 的直线公路. 如果已知每公里铁路运费与公路运费之比为 3∶5,试问中转站 D 选在何处,才能使原料从供应站 C 途径中转站 D 到达工厂 A 所需的运费最省?

解 (1) 设 $BD = x(\text{km})$,则 $DC = 100 - x(\text{km})$. 又设公路运费为

图 3-2-4

a(元/千米),则铁路运费为 $\frac{3}{5}a$(元/千米). 建立原料从 C 经 D 到达 A 的运费函数

$$y = \frac{3}{5}a \cdot |CD| + a \cdot |DA| = \frac{3}{5}a(100-x) + a\sqrt{20^2 + x^2} \quad (0 \leqslant x \leqslant 100).$$

(2) 求运费最小的 x 值. 对上式求导数,有

$$y' = -\frac{3}{5}a + \frac{ax}{\sqrt{20^2+x^2}} = \frac{a(5x-3\sqrt{20^2+x^2})}{5\sqrt{20^2+x^2}}.$$

令 $y'=0$,即 $25x^2 = 9(20^2 + x^2)$,得驻点 $x_1=15, x_2=-15$(舍去). 由于 $x_1=15$ 是运费函数 y 在定义域 $[0,100]$ 内唯一驻点,且运费存在最小值(最大值无实际意义),所以 $x_1=15$(km) 就是运费 y 的最小值点,这时的最少运费为

$$y|_{x=15} = \frac{3}{5}a(100-x) + a\sqrt{20^2 + x^2}\Big|_{x=15} = 76a.$$

例 5 设生产某器材 Q 件的成本为 $C(Q)=0.25Q^2 + 6Q + 100$(百元). 问产量为多少件时,平均成本最小?

解 (1) 平均成本函数为

$$y = \frac{C(Q)}{Q} = 0.25Q + 6 + 100Q^{-1} \quad (Q \geqslant 0).$$

(2) $y'=0.25 - 100Q^{-2}$. 令 $y'=0$,得驻点 $Q=-20$(舍去),$Q=20$.

因此,平均成本函数在定义域内的唯一驻点 $Q=20$ 处取到最小值,即当产量为 20 件时,平均成本最小,为 1 600 元.

例 6 小李在某居民区开了一家汤圆店. 根据市场调查,假设该店每月对汤圆的需求为

$$Q = 60\,000 - 20\,000 \cdot P;$$

卖出 Q 颗汤圆的成本为

$$C(Q) = 0.56Q + 18\,000(元).$$

限于人力,该店每月最多能卖 30 000 颗汤圆. 问卖出多少颗汤圆,才能使该店获得最大利润?

解 (1) 利润函数为

$$L = P \cdot Q - C(Q) = \frac{60\,000-Q}{20\,000} \cdot Q - 0.56Q - 18\,000.$$

即

$$L = 2.44Q - \frac{1}{20\,000}Q^2 - 18\,000 \ (0 \leqslant Q \leqslant 30\,000).$$

(2) $L' = 2.44 - 0.0001Q$. 令 $L' = 0$, 得唯一驻点 $Q = 24\,400$.

因此, 当卖出 24 400 颗汤圆时, 该店能获最大利润 11 768 元.

练习与思考 3-2

1. 简述函数的极值与最值的区别与联系.
2. 求函数 $f(x) = x^3 - 3x + 3$ 在区间 $\left[-3, \dfrac{3}{2}\right]$ 上的最大值及最小值.
3. 设服装厂生产某款 T 恤 Q(百件)的成本为

$$C(Q) = 250 + 20Q + \frac{Q^2}{10} (万元).$$

问产量为多少件时, 平均成本最小?

§3.3 一元函数图形的描绘

3.3.1 函数图形的凹凸性与拐点

在 §3.1 中, 我们研究了函数的单调性与极值, 这对描绘函数的图形有很大帮助. 但仅仅知道这些, 还不能比较准确地描绘出函数的图形. 例如, 图 3-3-1 中两曲线 $y = x^2$ 与 $y = \sqrt{x}$, 虽然都是单调上升的, 但上升时的弯曲方向明显不同.

定义 1 设函数 $f(x)$ 在 (a,b) 内连续, 如果对 (a,b) 内任意两点 x_1, x_2, 恒有

$$f\left(\frac{x_1+x_2}{2}\right) < \frac{f(x_1)+f(x_2)}{2},$$

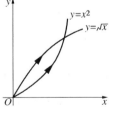

图 3-3-1

则称 $f(x)$ 在 (a,b) 内的图形是(上)凹的, 如图 3-3-2(a)所示; 如果恒有

$$f\left(\frac{x_1+x_2}{2}\right) > \frac{f(x_1)+f(x_2)}{2},$$

则称 $f(x)$ 在 (a,b) 内的图形是(上)凸的, 如图 3-3-2(b)所示.

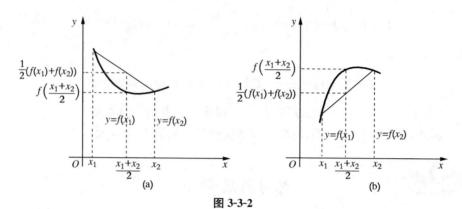

图 3-3-2

按照定义,我们称 $y=x^2$ 的图形在 $x>0$ 时是(上)凹的,$y=\sqrt{x}$ 的图形在 $x>0$ 时是(上)凸的.

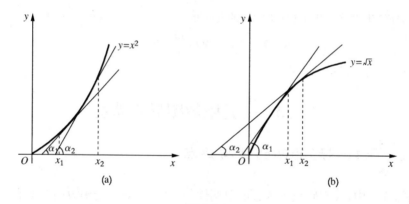

图 3-3-3

如图 3-3-3(a)所示,对于凹曲线 $y=x^2$,当 x 从 x_1 增加到 x_2 时,切线斜率从 $\tan\alpha_1$ 变到 $\tan\alpha_2$;由于 $\alpha_2>\alpha_1$,有 $\tan\alpha_2>\tan\alpha_1$,按导数几何意义,$y'=\tan\alpha$ 是单调增加的. 对于凸曲线 $y=\sqrt{x}$,当 x 从 x_1 增加到 x_2 时,切线斜率从 $\tan\alpha_1$ 变到 $\tan\alpha_2$;由于 $\alpha_2<\alpha_1$,有 $\tan\alpha_2<\tan\alpha_1$,即 $y'=\tan\alpha$ 是单调减少的,如图 3-3-3(b)所示. 下面给出函数图形凹凸性的导数判定法.

定理 1(函数图形凹凸性的判定法) 设 $f(x)$ 在 $[a,b]$ 上连续,在 (a,b) 内具有一阶和二阶导数,那么

(1) 如果在 (a,b) 内 $f''(x)>0$,则 $f(x)$ 在 (a,b) 内的图形是(上)凹的;

(2) 如果在 (a,b) 内 $f''(x)<0$,则 $f(x)$ 在 (a,b) 内的图形是(上)凸的.

例 1 判断 $y=\sin x$ 的图形在 $(0,2\pi)$ 内的凹凸性.

解 $y=\sin x$ 在 $[0,2\pi]$ 上连续,在 $(0,2\pi)$ 内 $y'=\cos x,y''=-\sin x$.

在 $(0,\pi)$ 内,$y''<0$,故 $y=\sin x$ 的图形在 $(0,\pi)$ 内是凸的;在 $(\pi,2\pi)$ 内 $y''>0$,

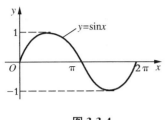

图 3-3-4

故 $y=\sin x$ 的图形在 $(\pi,2\pi)$ 内是凹的,如图 3-3-4 所示.

例 1 中的点 $(\pi,0)$ 是函数图形凹凸性的分界点,我们称这样的点为函数图形的**拐点**. 由于拐点左右两侧的 y'' 异号,因此在拐点处要么 $y''=0$,要么 y'' 不存在.

综上所述,求函数图形的凹凸区间与拐点的一般步骤如下:

(1) 写出函数 $f(x)$ 的定义域,求出 $f'(x)$,$f''(x)$;
(2) 求出所有 $f''(x)=0$ 的点与 $f''(x)$ 不存在的点;
(3) 用(2)中求得的点,把定义域划分成若干个小区间,列表讨论各个小区间上 $f''(x)$ 的符号,判定各小区间上函数图形的凹凸性,求出函数图形的拐点.

例 2 判断函数 $f(x)=x^3$ 的凹凸性,并求出 $f(x)$ 的拐点.

解 (1) 定义域为 $(-\infty,+\infty)$,且 $f'(x)=3x^2$,$f''(x)=6x$.
(2) 令 $f''(x)=0$,得 $x=0$.
(3) 列表 3-3-1 并讨论.

表 3-3-1

x	$(-\infty,0)$	0	$(0,+\infty)$
$f''(x)$	$-$	0	$+$
$f(x)$	⌒		⌣

由表 3-3-1 可知,$f(x)$ 在 $(-\infty,0)$ 上是凸的,在 $(0,+\infty)$ 上是凹的,点 $(0,0)$ 是拐点.

例 3 判定 $f(x)=(x-1)\sqrt[3]{x^2}$ 图形的凹凸性与求出 $f(x)$ 图形的拐点.

解 (1) 定义域为 $(-\infty,+\infty)$,且

$$f'(x)=\frac{5}{3}x^{\frac{2}{3}}-\frac{2}{3}x^{-\frac{1}{3}},$$

$$f''(x)=\frac{10}{9}x^{-\frac{1}{3}}+\frac{2}{9}x^{-\frac{4}{3}}=\frac{10x+2}{9\sqrt[3]{x^4}}.$$

(2) 令 $f''(x)=0$,得 $x=-\frac{1}{5}$;而 $x=0$ 时 $f''(x)$ 不存在.

(3) 列表 3-3-2 判定.

表 3-3-2

x	$\left(-\infty,-\dfrac{1}{5}\right)$	$-\dfrac{1}{5}$	$\left(-\dfrac{1}{5},0\right)$	0	$(0,+\infty)$
$f''(x)$	$-$	0	$+$	不存在	$+$
$f(x)$	$\frown$	拐点	$\smile$		$\smile$

由表 3-3-2 可知,在 $\left(-\infty,-\dfrac{1}{5}\right)$ 内函数图形是凸的,在 $\left(-\dfrac{1}{5},0\right)$ 与 $(0,+\infty)$ 内函数图形是凹的;点 $\left(-\dfrac{1}{5},-\dfrac{6}{25}\sqrt[3]{5}\right)$ 为函数图形的拐点,点 $(0,0)$ 不是函数图形的拐点,如图 3-3-5 所示.

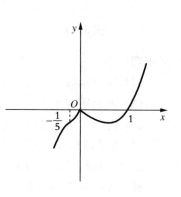

图 3-3-5

3.3.2 函数图形的渐近线

如图 1-4-1(a) 所示,函数 $f(x)=\dfrac{1}{x-1}$ 当 $x\to\infty$ 或 $x\to 1$ 时,其图形无限接近直线 $y=0$ 或 $x=1$;这两条直线分别是曲线 $f(x)=\dfrac{1}{x-1}$ 的水平渐近线和铅垂渐近线. 渐近线反映了函数图形在无限延伸时的变化,下面给出渐近线的定义.

定义 2 如果 $\lim\limits_{x\to\infty}f(x)=C$(或 $\lim\limits_{x\to+\infty}f(x)=C$ 或 $\lim\limits_{x\to-\infty}f(x)=C$),则称直线 $y=C$ 为函数 $y=f(x)$ 图形的**水平渐近线**;如果函数 $y=f(x)$ 在点 x_0 处间断,且 $\lim\limits_{x\to x_0}f(x)=\infty$(或 $\lim\limits_{x\to x_0^-}f(x)=\infty$,或 $\lim\limits_{x\to x_0^+}f(x)=\infty$),则称直线 $x=x_0$ 为函数 $y=f(x)$ 图形的**铅垂渐近线**. 若函数 $y=f(x)$ 的定义域是无穷区间,且有 $\lim\limits_{x\to\pm\infty}\dfrac{f(x)}{x}=k(k\neq 0)$ 和 $\lim\limits_{x\to\pm\infty}[f(x)-kx]=b$,则称 $y=kx+b$ 为函数 $y=f(x)$ 的**斜渐近线**.

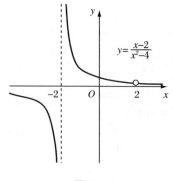

图 3-3-6

例 4 求曲线 $y=\dfrac{x-2}{x^2-4}$ 的渐近线.

解 由于 $\lim\limits_{x\to\infty}\dfrac{x-2}{x^2-4}=0$,因此曲线 $y=\dfrac{x-2}{x^2-4}$ 有水平渐近线 $y=0$. 注意到函数的间断点为 $x=\pm 2$,由于 $\lim\limits_{x\to-2}\dfrac{x-2}{x^2-4}=\lim\limits_{x\to-2}\dfrac{1}{x+2}=\infty$,因此曲线有铅垂渐

近线 $x=-2$. 而 $\lim\limits_{x\to 2}\dfrac{x-2}{x^2-4}=\dfrac{1}{4}$,因此直线 $x=2$ 不是曲线的渐近线. 如图 3-3-6 所示.

例 5 求曲线 $y=x+\arctan x$ 的渐近线.

解 先求 $x\to +\infty$ 时的渐近线. 因为

$$k=\lim_{x\to+\infty}\frac{f(x)}{x}=\lim_{x\to+\infty}\frac{x+\arctan x}{x}=1,$$

$$b=\lim_{x\to+\infty}(f(x)-x)=\lim_{x\to+\infty}\arctan x=\frac{\pi}{2},$$

所以,曲线有一条斜渐近线为 $y=x+\dfrac{\pi}{2}$.

同理,可求曲线的另一条斜渐近线为 $y=x-\dfrac{\pi}{2}$.

3.3.3 一元函数图形的描绘

根据上面的讨论,给出利用导数描绘一元函数图形的步骤如下:
(1) 确定函数的定义域,判断函数的奇偶性(或对称性)、周期性;
(2) 求函数的一阶导数和二阶导数;
(3) 在定义域内求一阶导数及二阶导数的零点与不可导点;
(4) 用(3)所得的零点及不可导点把定义域划分成若干个小区间,列表讨论函数在各个小区间上的单调性、凹凸性,确定极值点、拐点;
(5) 确定函数图形的渐近线;
(6) 算出极值和拐点的函数值,必要时再补充一些点;
(7) 根据以上讨论,在 xOy 坐标平面上画出渐近线,描出极值点、拐点及补充点,再根据单调性、凹凸性,把这些点用光滑曲线连接起来.

例 6 描绘函数 $f(x)=-3x^5+5x^3$ 的图形.

解 (1) 定义域为 $(-\infty,+\infty)$,由于 $f(-x)=-3(-x)^5+5(-x)^3=-f(x)$ 所以 $f(x)$ 为奇函数(函数图形关于原点对称).

(2) $f'(x)=-15x^4+15x^2=-15x^2(x-1)(x+1)$,
$\qquad f''(x)=-60x^3+30x=-30x(2x^2-1).$

(3) 令 $f'(x)=0$,得 $x=0,x=\pm 1$;令 $f''(x)=0$,得 $x=0,x=\pm\dfrac{\sqrt{2}}{2}$.

(4) 列表 3-3-3 讨论函数的单调性、凹凸性,确定极值点、拐点.(考虑到对称性,可以只列出表的一半.)

表 3-3-3

x	$(-\infty,-1)$	-1	$\left(-1,-\dfrac{\sqrt{2}}{2}\right)$	$-\dfrac{\sqrt{2}}{2}$	$\left(-\dfrac{\sqrt{2}}{2},0\right)$	0	$\left(0,\dfrac{\sqrt{2}}{2}\right)$	$\dfrac{\sqrt{2}}{2}$	$\left(\dfrac{\sqrt{2}}{2},1\right)$	1	$(1,+\infty)$
$f'(x)$	$-$	0	$+$		$+$	0	$+$		$+$	0	$-$
$f''(x)$	$+$		$+$	0	$-$	0	$+$	0	$-$		$-$
$f(x)$	↘	极小值	↗	拐点	↗	拐点	↗	拐点	↗	极大值	↘

(5) 无水平、铅垂渐近线.

(6) 算出极小值 $f(-1)=-2$,极大值 $f(1)=2$,拐点 $\left(-\dfrac{\sqrt{2}}{2},-\dfrac{7\sqrt{2}}{8}\right)$,$(0,0)$, $\left(\dfrac{\sqrt{2}}{2},\dfrac{7\sqrt{2}}{8}\right)$;再补充两点 $\left(-\dfrac{\sqrt{15}}{3},0\right)$,$\left(\dfrac{\sqrt{15}}{3},0\right)$.

(7) 综合以上结果,作出 $f(x)=-3x^5+5x^3$ 的图形如图 3-3-7 所示.

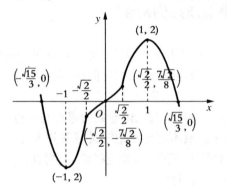

图 3-3-7

例 7 描绘高斯函数 $f(x)=\mathrm{e}^{-\frac{x^2}{2}}$ 的图形.

解 (1) 定义域为 $(-\infty,+\infty)$;由于 $f(-x)=\mathrm{e}^{-\frac{(-x)^2}{2}}=f(x)$,所以 $f(x)$ 为偶函数(函数图形关于 y 轴对称).

(2) $f'(x)=\mathrm{e}^{-\frac{x^2}{2}}(-x)=-x\mathrm{e}^{-\frac{x^2}{2}}$,

$$f''(x)=-\left[\mathrm{e}^{-\frac{x^2}{2}}+x\cdot\mathrm{e}^{-\frac{x^2}{2}}(-x)\right]=(x^2-1)\mathrm{e}^{-\frac{x^2}{2}}.$$

(3) 令 $f'(x)=0$,得驻点 $x=0$;令 $f''(x)=0$,得 $x=\pm 1$.

(4) 列表 3-3-4 判定(考虑到对称性,可以只列出表的一半).

表 3-3-4

x	$(-\infty,-1)$	-1	$(-1,0)$	0	$(0,1)$	1	$(1,+\infty)$
$f'(x)$	+		+	0	−		−
$f''(x)$	+	0	−		−	0	+
$f(x)$	↗	拐点	↗	极大值	↘	拐点	↘

（5）算出极大值 $f(0)=1$，拐点 $\left(-1,\dfrac{1}{\sqrt{e}}\right)$，$\left(1,\dfrac{1}{\sqrt{e}}\right)$，再补充两点 $\left(-2,\dfrac{1}{e^2}\right)$，$\left(2,\dfrac{1}{e^2}\right)$.

（6）因为 $\lim\limits_{x\to\infty}e^{-\frac{x^2}{2}}=0$，所以 $y=0$ 为函数图形的水平渐近线.

（7）作出图形，如图 3-3-8 所示.

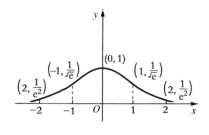

图 3-3-8

练习与思考 3-3

1. 设 $f(x)$ 在 (a,b) 上具有二阶导数，且 $f'(x)$ ____ 0，$f''(x)$ ____ 0，则函数图形在 (a,b) 上单调增加且是凹的.

2. 曲线 $f(x)=x^3-3x^2-3x+5$ 的凹区间为 _____，凸区间为 _____，拐点为 _____.

3. 曲线 $f(x)=x^2+\dfrac{1}{x}$ 的渐近线方程为 _____，是 _____ 渐近线.

§3.4 洛必达法则

在第 1 章中，我们曾计算过分式函数极限，如 $\lim\limits_{\substack{x\to x_0\\(x\to\infty)}}\dfrac{f(x)}{g(x)}$，若当 $x\to x_0(x\to\infty)$ 时，$f(x)$ 和 $g(x)$ 都趋近于零或 ∞，即求两个无穷小商或两个无穷大商的极

限,此时无法使用运算法则

$$\lim_{\substack{x\to x_0\\(x\to\infty)}}\frac{f(x)}{g(x)}=\frac{\lim\limits_{\substack{x\to x_0\\(x\to\infty)}}f(x)}{\lim\limits_{\substack{x\to x_0\\(x\to\infty)}}g(x)},$$

运算将遇到极大困难.事实上,这种极限可能存在,也可能不存在,通常将其称为未定式极限,用 $\frac{0}{0}$ 或 $\frac{\infty}{\infty}$ 表示.如

$$\lim_{x\to 0}\frac{\ln(1+x)-x}{x^2},\ \lim_{x\to\infty}\frac{e^x}{x^2}$$

分别是 $\frac{0}{0}$ 与 $\frac{\infty}{\infty}$ 型未定式极限,不易求解.下面将以导数为工具,介绍计算未定式极限的一般方法——洛必达法则.

3.4.1 柯西微分中值定理

柯西微分中值定理是 §3.1 中拉格朗日微分中值定理的一个推广.这种推广的主要意义在于给出洛必达法则.

定理 1(柯西微分中值定理) 设 $y=f(x)$ 与 $y=g(x)$ 在 $[a,b]$ 上连续,在 (a,b) 内可导,且 $g'(x)\neq 0$,则在 (a,b) 内至少存在一点 ξ,使

$$\frac{f(b)-f(a)}{g(b)-g(a)}=\frac{f'(\xi)}{g'(\xi)}.$$

作为特例,当 $g(x)=x$ 时,上式就变成拉格朗日微分中值公式,

$$\frac{f(b)-f(a)}{b-a}=f'(\xi),$$

从而表明柯西微分中值定理是拉格朗日微分中值定理的推广.

柯西微分中值定理与拉格朗日微分中值定理有相同的几何意义,都是在可微曲线弧 $\widehat{AB}$ 上至少存在一点 C,该点处的切线平行于该曲线弧两端点连线构成的弦 AB.它们的差别在于:拉格朗日中值定理中的曲线弧由 $y=f(x)$ 给出,而柯西中值定理中的曲线弧由参数方程

$$\begin{cases}x=g(t),\\y=f(t)\end{cases}(a\leqslant t\leqslant b)$$

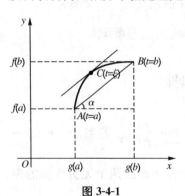

图 3-4-1

给出,如图 3-4-1 所示. 弦 AB 的斜率为

$$\tan \alpha = \frac{f(b)-f(a)}{g(b)-g(a)},$$

而曲线弧 $\overset{\frown}{AB}$ 上在点 C 处 $t=\xi$ 的切线斜率,按 §2.3.3 为 $\left.\dfrac{\mathrm{d}y}{\mathrm{d}x}\right|_{t=\xi} = \dfrac{f'(\xi)}{g'(\xi)}$. 于是就有

$$\frac{f(b)-f(a)}{g(b)-g(a)} = \frac{f'(\xi)}{g'(\xi)}.$$

3.4.2 洛必达法则

1. 求 $\dfrac{0}{0}$ 型未定式的洛必达法则

定理 2 设

(1) 当 $x \to x_0$(或 $x \to \infty$)时,$f(x)$ 及 $g(x)$ 都趋向于 0;

(2) 在点 x_0 的某去心邻域内(或在 $|x|$ 充分大时),$f'(x)$、$g'(x)$ 均存在,且 $g'(x) \neq 0$;

(3) $\lim\limits_{x \to x_0} \dfrac{f'(x)}{g'(x)}$ $\left(\text{或} \lim\limits_{x \to \infty} \dfrac{f'(x)}{g'(x)}\right)$ 存在或为无穷大,则

$$\lim_{x \to x_0} \frac{f(x)}{g(x)} \overset{\frac{0}{0}}{=\!=\!=} \lim_{x \to x_0} \frac{f'(x)}{g'(x)} \left(\text{或} \lim_{x \to \infty} \frac{f(x)}{g(x)} \overset{\frac{0}{0}}{=\!=\!=} \lim_{x \to \infty} \frac{f'(x)}{g'(x)}\right).$$

证明 仅证 $x \to x_0$ 时情况. 由于极限 $\lim\limits_{x \to x_0} \dfrac{f(x)}{g(x)}$ 与 $f(x_0), g(x_0)$ 无关,不妨设 $f(x_0) = g(x_0) = 0$. 如果 $x \in \overset{\circ}{U}(x_0, \delta)$,由条件(2)可知,$f(x), g(x)$ 在 $[x_0, x]$(或 $[x, x_0]$)上满足柯西中值定理,有

$$\frac{f(x)}{g(x)} = \frac{f(x)-f(x_0)}{g(x)-g(x_0)} = \frac{f'(\xi)}{g'(\xi)} \quad (\xi \text{ 在 } x_0 \text{ 与 } x \text{ 之间}).$$

当 $x \to x_0$ 时,$\xi \to x_0$,上式两端求极限,由条件(3)可得

$$\lim_{x \to x_0} \frac{f(x)}{g(x)} = \lim_{\xi \to x_0} \frac{f'(\xi)}{g'(\xi)} = \lim_{x \to x_0} \frac{f'(x)}{g'(x)}.$$

例 1 求下列极限:

(1) $\lim\limits_{x \to 2} \dfrac{x^3-8}{x-2}$;

(2) $\lim\limits_{x \to 0} \dfrac{\sin ax}{\sin bx} (b \neq 0)$;

(3) $\lim\limits_{x \to 0} \dfrac{\ln(1+x)-x}{x^2}$;

(4) $\lim\limits_{x \to 1} \dfrac{x^3-3x+2}{x^3-x^2-x+1}$.

解 (1) $\lim\limits_{x\to 2}\dfrac{x^3-8}{x-2}\xlongequal{\frac{0}{0}}\lim\limits_{x\to 2}\dfrac{(x^3-8)'}{(x-2)'}=\lim\limits_{x\to 2}\dfrac{3x^2}{1}=\lim\limits_{x\to 2}3x^2=12.$

(2) $\lim\limits_{x\to 0}\dfrac{\sin ax}{\sin bx}\xlongequal{\frac{0}{0}}\lim\limits_{x\to 0}\dfrac{(\sin ax)'}{(\sin bx)'}=\lim\limits_{x\to 0}\dfrac{a\cos ax}{b\cos bx}=\dfrac{a}{b}.$

(3) $\lim\limits_{x\to 0}\dfrac{\ln(1+x)-x}{x^2}\xlongequal{\frac{0}{0}}\lim\limits_{x\to 0}\dfrac{(\ln(1+x)-x)'}{(x^2)'}=\lim\limits_{x\to 0}\dfrac{\frac{1}{1+x}-1}{2x}$

$=\lim\limits_{x\to 0}\dfrac{-1}{2(1+x)}=-\dfrac{1}{2}.$

(4) $\lim\limits_{x\to 1}\dfrac{x^3-3x+2}{x^3-x^2-x+1}\xlongequal{\frac{0}{0}}\lim\limits_{x\to 1}\dfrac{(x^3-3x+2)'}{(x^3-x^2-x+1)'}=\lim\limits_{x\to 1}\dfrac{3x^2-3}{3x^2-2x-1}$

$\xlongequal{\frac{0}{0}}\lim\limits_{x\to 1}\dfrac{(3x^2-3)'}{(3x^2-2x-1)'}=\lim\limits_{x\to 1}\dfrac{6x}{6x-2}=\dfrac{3}{2}.$

例 2 求下列极限：

(1) $\lim\limits_{x\to+\infty}\dfrac{\frac{\pi}{2}-\arctan x}{\frac{1}{x}}$；

(2) $\lim\limits_{x\to+\infty}\dfrac{\ln\left(1+\frac{1}{x}\right)}{\operatorname{arccot} x}.$

解 (1) $\lim\limits_{x\to+\infty}\dfrac{\frac{\pi}{2}-\arctan x}{\frac{1}{x}}\xlongequal{\frac{0}{0}}\lim\limits_{x\to+\infty}\dfrac{\left(\frac{\pi}{2}-\arctan x\right)'}{\left(\frac{1}{x}\right)'}=\lim\limits_{x\to+\infty}\dfrac{0-\frac{1}{1+x^2}}{-\frac{1}{x^2}}$

$=\lim\limits_{x\to+\infty}\dfrac{x^2}{1+x^2}=1.$

(2) $\lim\limits_{x\to+\infty}\dfrac{\ln\left(1+\frac{1}{x}\right)}{\operatorname{arccot} x}\xlongequal{\frac{0}{0}}\lim\limits_{x\to+\infty}\dfrac{\left(\ln\left(1+\frac{1}{x}\right)\right)'}{(\operatorname{arccot} x)'}=\lim\limits_{x\to+\infty}\dfrac{\frac{1}{1+\frac{1}{x}}\left(-\frac{1}{x^2}\right)}{-\frac{1}{1+x^2}}$

$=\lim\limits_{x\to+\infty}\dfrac{1+x^2}{x^2+x}=1.$

2. 求 $\dfrac{\infty}{\infty}$ 型未定式的洛必达法则

类似定理 2，还有求 $x\to x_0$（或 $x\to\infty$）时 $\dfrac{\infty}{\infty}$ 型未定式的洛必达法则.

定理 3 设

第3章 导数的应用

(1) 当 $x \to x_0$(或 $x \to \infty$)时，$f(x),g(x)$ 都趋向无穷大；

(2) 在点 x_0 的某去心邻域内(或在 $|x|$ 充分大时)，$f'(x),g'(x)$ 存在，且 $g'(x) \neq 0$；

(3) $\lim\limits_{x \to x_0} \dfrac{f'(x)}{g'(x)}$(或 $\lim\limits_{x \to \infty} \dfrac{f'(x)}{g'(x)}$)存在或为无穷大，

则

$$\lim_{x \to x_0} \frac{f(x)}{g(x)} \stackrel{\frac{\infty}{\infty}}{=\!=\!=} \lim_{x \to x_0} \frac{f'(x)}{g'(x)} \ (\text{或} \lim_{x \to \infty} \frac{f(x)}{g(x)} \stackrel{\frac{\infty}{\infty}}{=\!=\!=} \lim_{x \to \infty} \frac{f'(x)}{g'(x)}).$$

例3 求下列极限：

(1) $\lim\limits_{x \to +\infty} \dfrac{x^2}{\mathrm{e}^x}$； (2) $\lim\limits_{x \to 0^+} \dfrac{\ln \sin x}{\ln x}$.

解 (1) $\lim\limits_{x \to +\infty} \dfrac{x^2}{\mathrm{e}^x} \stackrel{\frac{\infty}{\infty}}{=\!=\!=} \lim\limits_{x \to +\infty} \dfrac{(x^2)'}{(\mathrm{e}^x)'} = \lim\limits_{x \to +\infty} \dfrac{2x}{\mathrm{e}^x} \stackrel{\frac{\infty}{\infty}}{=\!=\!=} \lim\limits_{x \to +\infty} \dfrac{2}{\mathrm{e}^x} = 0.$

(2) $\lim\limits_{x \to 0^+} \dfrac{\ln \sin x}{\ln x} \stackrel{\frac{\infty}{\infty}}{=\!=\!=} \lim\limits_{x \to 0^+} \dfrac{(\ln \sin x)'}{(\ln x)'} = \lim\limits_{x \to 0^+} \dfrac{\frac{\cos x}{\sin x}}{\frac{1}{x}} = \lim\limits_{x \to 0^+} \left(\dfrac{x}{\sin x} \cdot \cos x \right) = 1.$

注 (1) 每次使用洛必达法则求未定式极限时，都要检验所求极限是否属于 $\dfrac{0}{0}$ 型或 $\dfrac{\infty}{\infty}$ 型未定式.

(2) 应用洛必达法则求未定式极限时，应灵活应用等价无穷小替换或恒等变形进行简化，可使运算更简捷.

(3) 洛必达法则的条件是充分非必要条件. 当定理的条件(3)不满足(即 $\lim\limits_{x \to 0} \dfrac{f'(x)}{g'(x)}$ 或 $\lim\limits_{x \to \infty} \dfrac{f'(x)}{g'(x)}$ 不存在且不为无穷大)时，不能判定未定式的极限不存在.

例4 求下列极限：

(1) $\lim\limits_{x \to 0} \dfrac{\cos x}{x-1}$； (2) $\lim\limits_{x \to 0} \dfrac{\tan x - x}{x^2 \sin x}$； (3) $\lim\limits_{x \to \infty} \dfrac{x - \sin x}{x + \sin x}$.

解 (1) 当 $x \to 0$ 时，$\cos x = 1$，$x - 1 = -1$，

$$\lim_{x \to 0} \frac{\cos x}{x-1} = \frac{1}{-1} = -1,$$

不是 $\dfrac{0}{0}$ 或 $\dfrac{\infty}{\infty}$ 型，故不能用洛必达法则.

(2) 若直接用洛必达法则计算，分母求导繁琐.

但借助 $x \to 0$ 时，$\sin x \sim x$ 进行等价无穷小替换，运算更简捷.

$$\lim_{x \to 0} \frac{\tan x - x}{x^2 \cdot \sin x} = \lim_{x \to 0} \frac{\tan x - x}{x^2 \cdot x} \xlongequal{\frac{0}{0}} \lim_{x \to 0} \frac{\sec^2 x - 1}{3x^2}$$

$$= \lim_{x \to 0} \frac{\sec^2 x (1 - \cos^2 x)}{3x^2} = \lim_{x \to 0} \frac{\sec^2 x \cdot \sin^2 x}{3x^2}$$

$$= \lim_{x \to 0} \frac{\sec^2 x \cdot x^2}{3x^2} = \lim_{x \to 0} \frac{\sec^2 x}{3} = \frac{1}{3}.$$

(3) $\lim\limits_{x \to \infty} \dfrac{x - \sin x}{x + \sin x} \xlongequal{\frac{\infty}{\infty}} \lim\limits_{x \to \infty} \dfrac{(x - \sin x)'}{(x + \sin x)'} = \lim\limits_{x \to \infty} \dfrac{1 - \cos x}{1 + \cos x}.$

因为 $\lim\limits_{x \to \infty} \cos x$ 不存在，所以 $\lim\limits_{x \to \infty} \dfrac{1 - \cos x}{1 + \cos x}$ 不存在，但并不表明 $\lim\limits_{x \to \infty} \dfrac{x - \sin x}{x + \sin x}$ 不存在，因为

$$\lim_{x \to \infty} \frac{x - \sin x}{x + \sin x} = \lim_{x \to \infty} \frac{1 - \dfrac{\sin x}{x}}{1 + \dfrac{\sin x}{x}} = 1.$$

3. 其他未定式的求法

除了 $\dfrac{0}{0}$ 与 $\dfrac{\infty}{\infty}$ 型的未定式外，还有 $0 \cdot \infty, \infty - \infty, 1^\infty, 0^0, \infty^0$ 型未定式. 前两种可通过恒等变形化为 $\dfrac{0}{0}$ 与 $\dfrac{\infty}{\infty}$ 型处理；后 3 种属幂指函数，可通过取对数方法处理.

例5 求下列极限：

(1) $\lim\limits_{x \to 0} x^2 e^{\frac{1}{x^2}}$; (2) $\lim\limits_{x \to 0^+} x \ln x$;

(3) $\lim\limits_{x \to \frac{\pi}{2}} (\sec x - \tan x)$; (4) $\lim\limits_{x \to 1} \left(\dfrac{2}{x^2 - 1} - \dfrac{1}{x - 1} \right)$.

解 (1) $\lim\limits_{x \to 0} x^2 e^{\frac{1}{x^2}}$ 属于 $0 \cdot \infty$ 型未定式，经变形有

$$\lim_{x \to 0} x^2 e^{\frac{1}{x^2}} \xlongequal{0 \cdot \infty} \lim_{x \to 0} \frac{e^{\frac{1}{x^2}}}{\dfrac{1}{x^2}} \xlongequal{\frac{\infty}{\infty}} \lim_{x \to 0} \frac{e^{\frac{1}{x^2}} \left(-\dfrac{2}{x^3} \right)}{\left(-\dfrac{2}{x^3} \right)} = \lim_{x \to 0} e^{\frac{1}{x^2}} = \infty.$$

(2) $\lim\limits_{x \to 0^+} x \ln x$ 属于 $0 \cdot \infty$ 型未定式，经变形有

$$\lim_{x\to 0^+} x\ln x \xrightarrow{0\cdot\infty} \lim_{x\to 0^+}\frac{\ln x}{\frac{1}{x}} \xrightarrow{\frac{\infty}{\infty}} \lim_{x\to 0^+}\frac{(\ln x)'}{\left(\frac{1}{x}\right)'} = \lim_{x\to 0^+}(-x) = 0.$$

(3) $\lim\limits_{x\to\frac{\pi}{2}}(\sec x - \tan x)$ 属于 $\infty - \infty$ 型未定式，经变形有

$$\lim_{x\to\frac{\pi}{2}}(\sec x - \tan x) \xrightarrow{\infty-\infty} \lim_{x\to\frac{\pi}{2}}\frac{1-\sin x}{\cos x} \xrightarrow{\frac{0}{0}} \lim_{x\to\frac{\pi}{2}}\frac{0-\cos x}{-\sin x} = 0.$$

(4) $\lim\limits_{x\to 1}\left(\dfrac{2}{x^2-1} - \dfrac{1}{x-1}\right)$ 属于 $\infty - \infty$ 型未定式，经变形有

$$\lim_{x\to 1}\left(\frac{2}{x^2-1} - \frac{1}{x-1}\right) \xrightarrow{\infty-\infty} \lim_{x\to 1}\left[\frac{2-(x+1)}{x^2-1}\right] = \lim_{x\to 1}\left(-\frac{1}{x+1}\right) = -\frac{1}{2}.$$

通常关于 1^∞，0^0，∞^0 型未定式极限，我们归纳为幂指函数 $\lim\limits_{x\to x_0}f(x)^{g(x)}$，此类极限求解步骤如下：

(1) 设 $y = f(x)^{g(x)}$，等号两边取对数

$$\ln y = g(x)\ln f(x).$$

(2) 等号两边同时取极限，

$$\lim_{x\to x_0}\ln y = \lim_{x\to x_0}g(x)\ln f(x),$$

求得

$$\lim_{x\to x_0}g(x)\ln f(x) = A.$$

(3) 根据对数运算，计算 y.

$$\lim_{x\to x_0}\ln y = A, \quad \lim_{x\to x_0}y = e^A,$$

即

$$\lim_{x\to x_0}f(x)^{g(x)} = e^A.$$

例 6 计算下列极限：

(1) $\lim\limits_{x\to 1}x^{\frac{1}{1-x}}$;

(2) $\lim\limits_{x\to\frac{\pi}{2}^+}(\sin x)^{\tan x}$;

(3) $\lim\limits_{x\to 0^+}x^{\sin x}$;

(4) $\lim\limits_{x\to 0^+}x^x$;

(5) $\lim\limits_{x\to\infty}(1+x^2)^{\frac{1}{x}}$;

(6) $\lim\limits_{x\to 0^+}\left(\ln\dfrac{1}{x}\right)^x$.

解 (1) $\lim\limits_{x \to 1} x^{\frac{1}{1-x}}$ 属于 1^∞ 型未定式. 令 $y = x^{\frac{1}{1-x}}$, 取对数有

$$\ln y = \frac{1}{1-x} \ln x.$$

$$\lim_{x \to 1} \ln y = \lim_{x \to 1} \frac{1}{1-x} \ln x = \lim_{x \to 1} \frac{\ln x}{1-x} \xlongequal{\frac{0}{0}} \lim_{x \to 1} \frac{(\ln x)'}{(1-x)'}$$

$$= \lim_{x \to 1} \frac{\frac{1}{x}}{(-1)} = \lim_{x \to 1} \left(-\frac{1}{x}\right) = -1,$$

于是, $\lim\limits_{x \to 1} x^{\frac{1}{1-x}} = \lim\limits_{x \to 1} y = \mathrm{e}^{-1}$.

(2) $\lim\limits_{x \to \frac{\pi}{2}^+} (\sin x)^{\tan x}$ 属于 1^∞ 型未定式. 令 $y = (\sin x)^{\tan x}$, 取对数有

$$\ln y = \tan x \ln \sin x.$$

$$\lim_{x \to \frac{\pi}{2}^+} \ln y = \tan x \ln \sin x \lim_{x \to \frac{\pi}{2}^+} ny = \lim_{x \to \frac{\pi}{2}^+} \tan x \ln \sin x = \lim_{x \to \frac{\pi}{2}^+} \frac{\ln \sin x}{\cot x}$$

$$\xlongequal{\frac{0}{0}} \lim_{x \to \frac{\pi}{2}^+} \frac{\cot x}{-\csc^2 x} = \lim_{x \to \frac{\pi}{2}^+} (-\sin x \cos x) = 0,$$

于是, $\lim\limits_{x \to \frac{\pi}{2}^+} (\sin x)^{\tan x} = \lim\limits_{x \to \frac{\pi}{2}^+} y = 1$.

(3) $\lim\limits_{x \to 0^+} x^{\sin x}$ 属 0^0 型未定式, 令 $y = x^{\sin x}$, 取对数有

$$\ln y = \sin x \ln x.$$

$$\lim_{x \to 0^+} \ln y = \lim_{x \to 0^+} \sin x \ln x \xlongequal{0 \cdot \infty} \lim_{x \to 0^+} \frac{\ln x}{\csc x} \xlongequal{\frac{\infty}{\infty}} \lim_{x \to 0^+} \frac{\frac{1}{x}}{-\csc x \cot x}$$

$$= -\lim_{x \to 0^+} \left(\frac{\sin x}{x} \cdot \tan x\right) = 0,$$

于是, $\lim\limits_{x \to 0^+} x^{\sin x} = \lim\limits_{x \to 0^+} y = \mathrm{e}^0 = 1$.

(4) $\lim\limits_{x \to 0^+} x^x$ 属于 0^0 型未定式. 令 $y = x^x$, 取对数有

$$\ln y = x \ln x.$$

$$\lim_{x \to 0^+} \ln y = \lim_{x \to 0^+} x \ln x = \lim_{x \to 0^+} \frac{\ln x}{\frac{1}{x}} \xlongequal{\frac{\infty}{\infty}} \lim_{x \to 0^+} \frac{(\ln x)'}{\left(\frac{1}{x}\right)'} = \lim_{x \to 0^+} \frac{\frac{1}{x}}{-\frac{1}{x^2}} = \lim_{x \to 0^+} \frac{1}{-\frac{1}{x}}$$

$$=\lim_{x\to 0^+}(-x)=0,$$

于是，$\lim\limits_{x\to 0^+} x^x = \lim\limits_{x\to 0^+} y = e^0 = 1.$

(5) $\lim\limits_{x\to\infty}(1+x^2)^{\frac{1}{x}}$ 属于 ∞^0 型未定式. 令 $y=(1+x^2)^{\frac{1}{x}}$，取对数有

$$\ln y = \frac{\ln(1+x^2)}{x}.$$

$$\lim_{x\to\infty}\ln y = \lim_{x\to\infty}\frac{\ln(1+x^2)}{x} \stackrel{\frac{\infty}{\infty}}{=\!=\!=} \lim_{x\to\infty}\frac{(\ln(1+x^2))'}{x'} = \lim_{x\to\infty}\frac{\frac{2x}{1+x^2}}{1}$$

$$=\lim_{x\to\infty}\frac{2x}{1+x^2} \stackrel{\frac{\infty}{\infty}}{=\!=\!=} \lim_{x\to\infty}\frac{(2x)'}{(1+x^2)'} = \lim_{x\to\infty}\frac{2}{2x} = 0,$$

于是，$\lim\limits_{x\to\infty}(1+x^2)^{\frac{1}{x}} = \lim\limits_{x\to\infty} y = 1.$

(6) $\lim\limits_{x\to 0^+}\left(\ln\frac{1}{x}\right)^x$ 属于 ∞^0 型未定式. 令 $y=\left(\ln\frac{1}{x}\right)^x$，取对数有

$$\ln y = x\ln\left(\ln\frac{1}{x}\right).$$

$$\lim_{x\to 0^+}\ln y = \lim_{x\to 0^+} x\ln\left(\ln\frac{1}{x}\right) = \lim_{x\to 0^+}\frac{\ln\left(\ln\frac{1}{x}\right)}{\frac{1}{x}}$$

$$\stackrel{\frac{\infty}{\infty}}{=\!=\!=}\lim_{x\to 0^+}\frac{\left(\ln\left(\ln\frac{1}{x}\right)\right)'}{\left(\frac{1}{x}\right)'} = \lim_{x\to 0^+}\frac{x}{\ln\frac{1}{x}} = 0,$$

于是，$\lim\limits_{x\to 0^+}\left(\ln\frac{1}{x}\right)^x = \lim\limits_{x\to 0^+} y = 1.$

练习与思考 3-4

1. 用洛必达法则计算下列极限：

(1) $\lim\limits_{x\to\frac{\pi}{2}}\dfrac{\cos x}{x-\dfrac{\pi}{2}}$；

(2) $\lim\limits_{x\to+\infty}\dfrac{x}{e^x}$；

(3) $\lim\limits_{x\to 0}\left(\dfrac{1}{x} - \dfrac{1}{e^x-1}\right)$；

(4) $\lim\limits_{x\to 0^+}(\sin x)^x.$

§3.5 导数在经济领域中的应用举例

3.5.1 导数在经济中的应用(一):边际分析

边际概念通常指一种经济变量相对另一种经济变量的变化率. 经济函数 $y = f(x)$ 对自变量 x 的导数 $f'(x)$,称为该函数的边际函数.

根据微分近似式,当 Δx 很小时,有

$$\Delta y \approx \mathrm{d}y = f'(x)\Delta x,$$

在经济学中,对于成千上万的生产量(或销量)而言,一个单位的产品是微不足道的,取 $\Delta x = 1$,则 $\Delta y = f'(x)$,表明边际函数的经济学意义是指当 x 改变一个单位时,y 相应地改变 $f'(x)$ 个单位.

1. 边际成本函数

边际成本函数(简称**边际成本**)是成本函数 $C(Q)$ 对产量 Q 的导数 $C'(Q)$,其经济意义是指当产量为 Q 时,再增产(减产)一个单位产品,成本将相应地增加(减少) $C'(Q)$ 个单位.

2. 边际收益函数

边际收益函数(简称**边际收益**)是收益函数 $R(Q)$ 对销量 Q 的导数 $R'(Q)$,其经济意义是指当销量为 Q 时,再增销(减销)一个单位产品,收益将相应地增加(减少) $R'(Q)$ 个单位.

例1 设某产品的需求函数为

$$P = 20 - \frac{Q}{5},$$

其中 P 为销售价格,Q 为销量,求:

(1) 销量为 15 个单位时的总收益、平均收益及边际收益;

(2) 销量从 15 个单位增加到 20 个单位时为收益的平均变化率.

解 (1) 总收益 $R = Q \cdot P = Q\left(20 - \dfrac{Q}{5}\right) = 20Q - \dfrac{Q^2}{5}$,

销售 15 个单位时的总收益

$$R\big|_{Q=15} = \left(20Q - \frac{Q^2}{5}\right)\bigg|_{Q=15} = 255,$$

平均收益

$$\overline{R}\big|_{Q=15} = \frac{R(Q)}{Q}\bigg|_{Q=15} = \frac{255}{15} = 17,$$

边际收益
$$R'(Q)|_{Q=15}=\left(20-\frac{2Q}{5}\right)\bigg|_{Q=15}=14.$$

(2) 当销售量从 15 个单位增加到 20 个单位时,收益的平均变化率为
$$\frac{\Delta R}{\Delta Q}=\frac{R(20)-R(15)}{20-15}=\frac{320-255}{5}=13.$$

3. 边际利润函数

边际利润函数(简称**边际利润**)是利润函数 $L(Q)$ 对销量 Q 的变化率 $L'(Q)$,其经济意义是指当销量为 Q 时,再增销(或减销)一个单位产品,利润将相应地增加(或减少)$L'(Q)$ 个单位.

4. 边际需求函数

边际需求函数(简称**边际需求**)是需求函数 $Q(P)$ 对销售价格 P 的导数 $Q'(P)$,其经济意义是指当价格为 P 时,价格上涨(或下降)一个单位,需求量将相应地减少(或增加)$Q'(P)$ 个单位.

例 2 已知某厂每月生产产品的固定成本为 100 元,生产 Q 件产品的可变成本为 $(0.02Q^2+10Q)$ 元,销售 Q 件产品的收益为 $(30Q-0.05Q^2)$ 元. 求:当 $Q=100$ 时的边际成本、边际收益和边际利润.

解 总成本为可变成本与固定成本之和,依题意有总成本函数为
$$C(Q)=0.02Q^2+10Q+100,$$
边际成本函数为
$$C'(Q)=0.04Q+10.$$
$Q=100$ 时的边际成本为
$$C'(100)=0.04\times100+10=14(元/件),$$
总收入函数为
$$R(Q)=30Q-0.05Q^2,$$
边际收益函数为
$$R'(Q)=30-0.1Q.$$
$Q=100$ 时的边际收益为
$$R'(100)=30-0.1\times100=20(元/件),$$
总利润函数为
$$L(Q)=R(Q)-C(Q)=(30Q-0.05Q^2)-(0.02Q^2+10Q+100)$$
$$=20Q-0.07Q^2-100,$$

边际利润函数为
$$L'(Q) = 20 - 0.14Q.$$

$Q = 100$ 时的边际利润为
$$L'(100) = 20 - 0.14 \times 100 = 6(元/件).$$

或者
$$L'(100) = R'(100) - C'(100) = 20 - 14 = 6(元/件).$$

3.5.2 导数在经济中的应用(二):弹性分析

边际分析中考虑的是函数的绝对改变量与绝对变化率.实际上,仅仅研究函数的绝对改变量与绝对变化率是不够的.例如:商品甲单价 10 元;商品乙单价 1 000 元,两者都涨价 1 元.虽然商品价格的绝对改变量都是 1 元,但与其原价相比,两者涨价的百分比却不同:商品甲涨价 10%,乙涨价 0.1%.因此,有必要研究函数的相对改变量与相对变化率.

设函数 $y = f(x)$ 在点 x 处可导,当 $\Delta x \to 0$ 时函数的相对改变量 $\dfrac{\Delta y}{y} = \dfrac{f(x+\Delta x) - f(x)}{f(x)}$ 与自变量的相对改变量 $\dfrac{\Delta x}{x}$ 之比的极限,称为函数 $f(x)$ 的**弹性函数**,记作 $E(x)$,即

$$E(x) = \lim_{\Delta x \to 0} \frac{\dfrac{\Delta y}{y}}{\dfrac{\Delta x}{x}} = \lim_{\Delta x \to 0} \frac{\Delta y}{\Delta x} \cdot \frac{x}{y} = f'(x) \cdot \frac{x}{f(x)}.$$

弹性函数反映了函数 $f(x)$ 在点 x 处的相对变化率,即反映了随 x 变化函数 $f(x)$ 变化幅度的大小,也就是反映了 $f(x)$ 对 x 变化反映的灵敏程度.

$E(x_0) = f'(x_0) \cdot \dfrac{x_0}{f(x_0)}$ 称为 $f(x)$ 在 x_0 处的弹性值(简称弹性). $E(x_0)$ 表示了在点 x_0 处当 x 变动 1% 时,函数 $f(x)$ 的值近似变动 $E(x_0)$%(实际应用时,常常略去"近似"两字).

1. 需求弹性

由于需求函数 $Q = f(P)$ 是价格 P 的递减函数,因此其导数 $f'(P)$ 为负值,从而弹性也是负的.为了避免负号对分析、计算带来不便,我们把需求函数的弹性的相反数称为需求弹性,即负的需求函数相对变化率.

设某商品需求函数 $Q = f(P)$ 在 P 处可导,

$$\lim_{\Delta P \to 0}\left(-\frac{\frac{\Delta Q}{Q}}{\frac{\Delta P}{P}}\right) = -f'(P)\frac{P}{f(P)}$$

称为该商品在 P 处的**需求弹性**,记作 $\eta(P)$,即

$$\eta(P) = -f'(P)\frac{P}{f(P)},$$

$P = P_0$ 处需求弹性为

$$\eta(P_0) = -f'(P_0)\frac{P_0}{f(P_0)}.$$

需求弹性的经济意义是:当价格 $P = P_0$ 时,如果商品价格上涨(或下跌)1%,则该商品的需求量 Q 将减少(或增加)$\eta(P_0)$%.

2. 供给弹性

类似地,供给函数 $Q = g(P)$ 的相对变化率就是供给弹性.

设某商品供给函数 $Q = g(P)$ 在 P 处可导,

$$\lim_{\Delta P \to 0}\frac{\frac{\Delta Q}{Q}}{\frac{\Delta P}{P}} = g'(P)\frac{P}{g(P)}$$

称为该商品在 P 处的**供给弹性**,记作 $\varepsilon(P)$,即

$$\varepsilon(P) = g'(P)\frac{P}{g(P)}.$$

当 $P = P_0$ 时,供给弹性为

$$\varepsilon(P_0) = g'(P_0)\frac{P_0}{g(P_0)}.$$

供给弹性的经济意义是:当价格 $P = P_0$ 时,如果商品价格上涨(或下跌)1%,则会引起该商品的供给量增加(或减少)$\varepsilon(P_0)$%.

3. 收益弹性

对收益函数 $R = PQ = Pf(P)$,由乘积求导公式,有

$$R'(P) = f(P) + Pf'(P) = f(P)\left[1 + f'(P)\frac{P}{f(P)}\right] = f(P)[1 - \eta(P)],$$

所以收益弹性为

$$E(P) = R'(P)\frac{P}{R(P)} = f(P)[1 - \eta(P)]\frac{P}{Pf(P)} = 1 - \eta(P),$$

于是得到收益弹性与需求弹性的关系:

$$E(P) + \eta(P) = 1.$$

这样就可利用需求弹性来分析收益的变化.

(1) $\eta<1$ 时,收益弹性 $E(P)>0$,从而 $R'(P)>0$,即收益函数是增函数,则价格上涨(或下跌)1%,收益增加(或减少)$(1-\eta)$%;

(2) $\eta>1$ 时,收益弹性 $E(P)<0$,从而 $R'(P)<0$,即收益函数是减函数,则价格上涨(或下跌)1%,收益减少(或增加)$(\eta-1)$%;

(3) $\eta=1$ 时,收益弹性 $E(P)=0$,从而 $R'(P)=0$,即收益是常函数,则价格变动 1%,而收益不变.

例 3 设某商品需求函数为 $Q=16-\dfrac{P}{3}$,求:

(1) 需求弹性函数;

(2) $P=8$ 时需求弹性;

(3) $P=8$ 时,如果价格上涨 1%,收益增加还是减少? 它将变化百分之几?

解 (1) $\eta(P)=-Q'(P)\dfrac{P}{Q(P)}=-\left(-\dfrac{1}{3}\right)\dfrac{P}{16-\dfrac{P}{3}}=\dfrac{P}{48-P}$;

(2) $\eta(8)=\dfrac{8}{48-8}=\dfrac{1}{5}$;

(3) 因为 $\eta(8)=\dfrac{1}{5}<1$,所以价格上涨 1%,收益将增加,收益变化的百分比就是收益弹性. 由需求弹性可得收益弹性为

$$E(8)=1-\eta(8)=1-\dfrac{1}{5}=0.8,$$

所以当 $P=8$ 时,价格上涨 1%,收益将增加 0.8%.

练习与思考 3-5

1. 已知某商品的收益函数为 $R(Q)=20Q-0.2Q^2$,成本函数 $C(Q)=100+0.25Q^2$,求当 $Q=20$ 时的边际收益、边际成本和边际利润.

2. 设某商品需求函数为 $Q=e^{-\frac{P}{4}}$,求 $P=3$ 的需求弹性,并用它分析收益变化.

本 章 小 结

一、基本思想

微分中值定理(拉格朗日微分中值定理与柯西微分中值定理)是导数应用的理论基础. 它揭

示了函数(在某区间上整体性质)与(函数在该区间内某一点的)导数之间的关系.用拉格朗日中值定理可导出函数单调性、凹凸性的判定法则,用柯西定理可导出洛必达法则.

最优化方法是微积分的基本分析法,也是实践中常用的思维方法.

二、主要内容

1. 微分中值定理

(1) 拉格朗日微分中值定理:如果函数 $f(x)$ 在 $[a,b]$ 上连续,在 (a,b) 内可导,则在 (a,b) 内至少存在一点 ξ,使

$$\frac{f(b)-f(a)}{b-a}=f'(\xi).$$

(2) 柯西微分中值定理:如果函数 $f(x),g(x)$ 在 $[a,b]$ 上连续,在 (a,b) 内可导 $g'(x)\neq 0$,则在 (a,b) 内至少存在一点 ξ,使

$$\frac{f(b)-f(a)}{g(b)-g(a)}=\frac{f'(\xi)}{g'(\xi)}.$$

柯西定理的特例(当 $g(x)=x$ 时)就是拉格朗日定理.

(3) 罗尔定理:设函数 $y=f(x)$ 在闭区间 $[a,b]$ 上连续,在开区间 (a,b) 内可导,且 $f(a)=f(b)$,则在 (a,b) 内至少存在一点 ξ,使 $f'(\xi)=0$.

2. 函数的单调性与极值的判定

(1) 函数 $f(x)$ 单调性判定法:设 $f(x)$ 在 $[a,b]$ 上连续,在 (a,b) 内可导,如果在 (a,b) 内恒有 $f'(x)>0$(或 $f'(x)<0$),则 $f(x)$ 在 $[a,b]$ 上单调增加(或单调减少).

(2) 单调性的分界点就是取到极值的点.

(3) 可能取到极值的点(极值可疑点)是 $y'=0$ 的点(驻点)和 y' 不存在的点.

3. 函数图形的凹凸性与拐点的判定

(1) 函数图形凹凸性判定法:设 $f(x)$ 在 $[a,b]$ 上连续,在 (a,b) 内二阶可导,如果在 (a,b) 内,$f''(x)>0$(或 $f''(x)<0$),则 $f(x)$ 在 (a,b) 内的图形是凹(或凸)的.

(2) 凹凸性的分界点就是拐点.

(3) 可能是拐点的点是 $y''=0$ 和 y'' 不存在的点.

4. 函数图形的渐近线

(1) 若满足 $\lim\limits_{x\to\infty} f(x)=C$,则函数 $f(x)$ 有水平渐近线 $y=C$.

(2) 若 $x=x_0$ 为函数 $f(x)$ 的间断点,且满足 $\lim\limits_{x\to x_0} f(x)=\infty$,则 $f(x)$ 有铅垂渐近线 $x=x_0$.

(3) 若函数 $y=f(x)$ 的定义域是无穷区间,且 $\lim\limits_{x\to\pm\infty}\frac{f(x)}{x}=k(k\neq 0)$ 和 $\lim\limits_{x\to\pm\infty}[f(x)-kx]=b$,则称 $y=kx+b$ 为函数 $y=f(x)$ 的斜渐近线.

5. 函数最值的判断

(1) $[a,b]$ 上的连续函数 $f(x)$ 必存在最大(小)值,且

$$y_{\max \atop (\min)} = {\max \atop \min}\{f(a), f(b), f(\text{极值可疑点})\}.$$

(2) 若实际问题存在相应最值,且在所讨论的区间有唯一驻点,则必在驻点处取到最值.

6. 洛必达法则

(1) $\dfrac{0}{0}$ 型或 $\dfrac{\infty}{\infty}$ 型洛必达法则: $\lim\limits_{x \to \square} \dfrac{f(x)}{g(x)} \xlongequal{\frac{0}{0} \atop \frac{\infty}{\infty}} \lim\limits_{x \to \square} \dfrac{f'(x)}{g'(x)}$ (若存在或为无穷大).

(2) $0 \times \infty$ 型或 $\infty - \infty$ 型:通过恒等变形化为 $\dfrac{0}{0}$ 型或 $\dfrac{\infty}{\infty}$ 型,再按(1)求解.

(3) 1^{∞} 型、0^{0} 型或 ∞^{0} 型:通过取对数处理.

7. 导数在经济中的应用

(1) 函数 $f(x)$ 的边际函数为 $f'(x)$.

(2) 设需求函数 $Q = f(P)$,则需求弹性函数 $\eta(P) = -f'(P) \cdot \dfrac{P}{f(P)}$.

(3) 收益弹性与需求弹性关系: $E(P) + \eta(P) = 1$.

(4) 设供给函数 $Q = g(P)$,则供给弹性函数 $\varepsilon(P) = g'(P) \cdot \dfrac{P}{g(P)}$.

第 4 章

不定积分

前面已经研究了一元函数的微分学.但是在科学技术中常常需要研究与之相反的问题,因而引进了一元函数的积分学.微分学和积分学无论在概念的确定上,还是在运算的方法上,都可以说是互逆的.

关于积分思想的产生和发展,将在第 5 章介绍.

§4.1 不定积分的概念与积分的基本公式和法则

4.1.1 不定积分的概念

1. 不定积分的概念

一般地,为了描述 $F'(x)=f(x)$ 中 $F(x)$ 与 $f(x)$ 的关系,引入原函数的概念.

定义 1 设 $f(x)$ 是一个定义在区间上的函数,如果存在函数 $F(x)$,使得该区间内任一点都有

$$F'(x)=f(x),$$

则称 $F(x)$ 为 $f(x)$ 在该区间上的一个原函数.

其实,对于任意常数 C,有 $(F(x)+C)'=f(x)$,表明 $F(x)+C$ 仍是 $f(x)$ 的原函数.因为 C 可取无穷多值,所以,$f(x)$ 的原函数有无穷多个,且一个函数的任意两个原函数只相差一个常数.

例 1 根据定义,求下列函数的一个原函数:

(1) e^x; (2) x^2; (3) $\sin x$; (4) $\dfrac{1}{x}$.

解 (1) 因为 $(e^x)'=e^x$,所以,e^x 是 e^x 的一个原函数.

(2) 因为 $\left(\dfrac{x^3}{3}\right)'=x^2$,所以,$\dfrac{x^3}{3}$ 是 x^2 的一个原函数.

(3) 因为 $(-\cos x)'=\sin x$,所以,$-\cos x$ 是 $\sin x$ 的一个原函数.

(4) 因为当 $x>0$ 时,$(\ln x)'=\dfrac{1}{x}$;当 $x<0$ 时,$(\ln(-x))'=\dfrac{1}{x}$,所以,无论 x 为何值时,$\ln|x|$ 是 $\dfrac{1}{x}$ 的一个原函数.

定义 2 如果在某区间上 $F(x)$ 是 $f(x)$ 的一个原函数,则把 $f(x)$ 的所有原函数 $F(x)+C$ 称为 $f(x)$ 在该区间上的**不定积分**,记作 $\int f(x)\mathrm{d}x$,即

$$\int f(x)\mathrm{d}x=F(x)+C,$$

其中,符号"$\int$"称为积分号(表示对 $f(x)$ 实施求原函数的运算),函数 $f(x)$ 称为**被积函数**,表达式 $f(x)\mathrm{d}x$ 称为**被积表达式**,变量 x 称为**积分变量**,任意常数 C 称为**积分常数**.

例 2 根据定义,求下列函数的不定积分:

(1) $\int \mathrm{e}^x \mathrm{d}x$; (2) $\int x^3 \mathrm{d}x$; (3) $\int \cos 2x \mathrm{d}x$.

解 (1) 因为 $(\mathrm{e}^x)'=\mathrm{e}^x$,所以,$\int \mathrm{e}^x \mathrm{d}x=\mathrm{e}^x+C$.

(2) 因为 $\left(\dfrac{x^4}{4}\right)'=x^3$,所以,$\int x^3 \mathrm{d}x=\dfrac{x^4}{4}+C$.

(3) 因为 $\left(\dfrac{\sin 2x}{2}\right)'=\cos 2x$,所以,$\int \cos 2x \mathrm{d}x=\dfrac{\sin 2x}{2}+C$.

求一个函数 $f(x)$ 的不定积分,关键是找出 $f(x)$ 的一个原函数 $F(x)$,然后加上积分常数 C.

2. 不定积分的几何意义

$F(x)+C$ 不是一个函数,而是一族函数. 在几何上,通常把 $f(x)$ 的原函数 $F(x)$ 的图形称为**积分曲线**,所以 $f(x)$ 的不定积分 $F(x)+C$ 表示一族积分曲线.

例如,$\int 2x \mathrm{d}x=x^2+C$(因为 $(x^2)'=2x$)在几何上就表示由抛物线 $y=x^2$ 上、下平移所构成的一族抛物线,如图 4-3-1 所示.

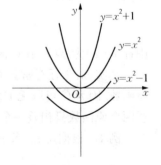

图 4-3-1

3. 微分运算与积分运算的互逆性质

由不定积分定义,有 $\int f(x)\mathrm{d}x=F(x)+C$,即 $F(x)$ 是 $f(x)$ 的一个原函数. 根据原函数的定义,有 $F'(x)=f(x)$,因此,

$$(\int f(x)\mathrm{d}x)' = (F(x)+C)' = F'(x) = f(x).$$

同理，$\mathrm{d}\int f(x)\mathrm{d}x = \mathrm{d}(F(x)+C) = (F(x)+C)'\mathrm{d}x = F'(x)\mathrm{d}x = f(x)\mathrm{d}x$,

$$\int F'(x)\mathrm{d}x = \int f(x)\mathrm{d}x = F(x)+C,$$

$$\int \mathrm{d}F(x) = \int F'(x)\mathrm{d}x = F(x)+C.$$

上述 4 式表明，微分运算(求导或微分)与积分运算是互逆的. 当两种运算连在一起时，$\mathrm{d}\int$ 完全抵消，$\int\mathrm{d}$ 抵消后相差一个常数.

例 3 求下列积分：

(1) $\int \left(\dfrac{\sin x}{1+\cos^2 x}\right)' \mathrm{d}x$; (2) $\mathrm{d}\int \arctan x\,\mathrm{d}x$.

解 (1) 根据积分与导数互逆性质，有

$$\int \left(\dfrac{\sin x}{1+\cos^2 x}\right)' \mathrm{d}x = \dfrac{\sin x}{1+\cos^2 x} + C.$$

(2) 根据积分与微分互逆性质，有

$$\mathrm{d}\int \arctan x\,\mathrm{d}x = \arctan x\,\mathrm{d}x.$$

4.1.2 积分的基本公式和法则

1. 基本积分公式

如前所述，如果 $F'(x) = f(x)$，则 $\int f(x)\mathrm{d}x = F(x)+C$，因此，由导数公式便对应一个不定积分公式.

例如，因为 $\left(\dfrac{x^{u+1}}{u+1}\right)' = x^u$，所以 $\dfrac{x^{u+1}}{u+1}$ 是 x^u 的一个原函数，即有不定积分公式

$$\int x^u \mathrm{d}x = \dfrac{x^{u+1}}{u+1} + C \quad (u \neq -1).$$

类似地，下面的**基本积分表**将给出基本的不定积分公式. 读者要与导数公式联系起来记住这些公式，因为它们是积分计算的基础.

(1) $\int k\,dx = kx + C$ (k 是常数);

(2) $\int x^\alpha\,dx = \dfrac{1}{\alpha+1}x^{\alpha+1} + C$ ($\alpha \neq -1$);

(3) $\int \dfrac{1}{x}\,dx = \ln|x| + C$;

(4) $\int a^x\,dx = \dfrac{a^x}{\ln a} + C$ ($a > 0$ 且 $a \neq 1$);

(5) $\int e^x\,dx = e^x + C$;

(6) $\int \sin x\,dx = -\cos x + C$;

(7) $\int \cos x\,dx = \sin x + C$;

(8) $\int \sec^2 x\,dx = \tan x + C$;

(9) $\int \csc^2 x\,dx = -\cot x + C$;

(10) $\int \sec x \tan x\,dx = \sec x + C$;

(11) $\int \csc x \cot x\,dx = -\csc x + C$;

(12) $\int \dfrac{1}{\sqrt{1-x^2}}\,dx = \arcsin x + C$;

(13) $\int \dfrac{1}{1+x^2}\,dx = \arctan x + C$.

利用上述基本积分表与线性运算性质,就可计算一些不定积分了.

例 4 求下列积分:

(1) $\int \dfrac{1}{x^3}\,dx$; (2) $\int x\sqrt[3]{x}\,dx$.

解 (1) $\int \dfrac{1}{x^3}\,dx = \int x^{-3}\,dx = \dfrac{x^{-3+1}}{-3+1} + C = -\dfrac{1}{2}x^{-2} + C = -\dfrac{1}{2x^2} + C$.

(2) $\int x\sqrt[3]{x}\,dx = \int x^{\frac{4}{3}}\,dx = \dfrac{x^{\frac{4}{3}+1}}{\frac{4}{3}+1} + C = \dfrac{3}{7}x^{\frac{7}{3}} + C = \dfrac{3}{7}x^2 \cdot \sqrt[3]{x} + C$.

2. 积分的基本运算法则

法则 1 两个函数的代数和的积分等于各个函数的积分的代数和,即

$$\int [f_1(x) \pm f_2(x)] dx = \int f_1(x) dx \pm \int f_2(x) dx.$$

上述法则对于有限个函数的代数和也是成立的.

法则 2 被积函数中的常数因子可以提到积分号的前面,即当 A 为不等于零的常数时,有

$$\int Af(x) dx = A \int f(x) dx.$$

例 5 求下列积分：

(1) $\int \left(2\sin x - \dfrac{2}{x} + x^2\right) dx$； (2) $\int \sqrt{x}(x^2 - 5) dx$.

解 (1) 原式 $= 2\int \sin x \, dx - 2\int \dfrac{1}{x} dx + \int x^2 dx$

$$= -2\cos x - 2\ln |x| + \dfrac{1}{3}x^3 + C.$$

(2) 原式 $= \int (x^{\frac{5}{2}} - 5x^{\frac{1}{2}}) dx = \int x^{\frac{5}{2}} dx - 5\int x^{\frac{1}{2}} dx$

$$= \dfrac{2}{7}x^{\frac{7}{2}} - 5 \cdot \dfrac{2}{3}x^{\frac{3}{2}} + C = \dfrac{2}{7}x^3\sqrt{x} - \dfrac{10}{3}x\sqrt{x} + C.$$

有些不定积分需要恒等变形后,才能套用基本积分表中的积分公式.

例 6 求下列积分：

(1) $\int \tan^2 x \, dx$； (2) $\int \dfrac{x^2 - 1}{x^2 + 1} dx$.

解 (1) 原式 $= \int (\sec^2 x - 1) dx = \int \sec^2 x \, dx - \int dx = \tan x - x + C.$

(2) 原式 $= \int \dfrac{x^2 + 1 - 2}{x^2 + 1} dx = \int \left(1 - \dfrac{2}{x^2 + 1}\right) dx = x - 2\arctan x + C.$

例 7 求下列积分：

(1) $\int \cos^2 \dfrac{x}{2} dx$； (2) $\int \dfrac{1}{x^2(1 + x^2)} dx$.

解 (1) 原式 $= \int \dfrac{1 + \cos x}{2} dx = \dfrac{1}{2}\int (1 + \cos x) dx = \dfrac{1}{2}(x + \sin x) + C.$

(2) 原式 $= \int \left(\dfrac{1}{x^2} - \dfrac{1}{1 + x^2}\right) dx = -\dfrac{1}{x} - \arctan x + C.$

例 8 求 $\int \dfrac{x - 4}{\sqrt{x} + 2} dx.$

解 原式 $= \int \dfrac{(\sqrt{x}+2)(\sqrt{x}-2)}{\sqrt{x}+2}\mathrm{d}x = \int(\sqrt{x}-2)\mathrm{d}x = \dfrac{2}{3}x^{\frac{3}{2}} - 2x + C.$

练习与思考 4-1

1. 填空题：

(1) 设 x^3 是 $f(x)$ 的一个原函数，则 $\int f(x)\mathrm{d}x =$ ＿＿＿＿＿，$\int f'(x)\mathrm{d}x =$ ＿＿＿＿＿．

(2) 设 $f(x) = \sin x + \cos x$，则 $\int f(x)\mathrm{d}x =$ ＿＿＿＿＿，$\int f'(x)\mathrm{d}x =$ ＿＿＿＿＿．

2. 计算下列积分：

(1) $\int \left(3 + \sqrt[3]{x} + \dfrac{1}{x^3} + 3^x\right)\mathrm{d}x$； (2) $\int\left(\dfrac{1}{x} + \mathrm{e}^x\right)\mathrm{d}x$．

§4.2 换元积分法

4.2.1 第一类换元积分法

由不定积分定义可知，求不定积分可归结为求原函数，而单靠基本积分表和线性运算性质只能解决一些简单函数的积分计算，当被积函数是函数的复合或函数的乘积时，又如何求相应积分呢？下面先介绍基本积分方法之一的复合函数积分法——换元积分法．

定理 1（不定积分第一类换元公式） 设 $\int f(u)\mathrm{d}u = F(u) + C$，且 $u = \varphi(x)$ 可导，则

$$\int f[\varphi(x)]\varphi'(x)\mathrm{d}x = \int f[\varphi(x)]\mathrm{d}\varphi(x) \xrightarrow{\varphi(x)=u \atop 换元} \int f(u)\mathrm{d}u$$
$$= F(u) + C \xrightarrow{u=\varphi(x) \atop 回代} F[\varphi(x)] + C.$$

例 1 求下列积分：

(1) $\int \cos 2x\, \mathrm{d}x$； (2) $\int (2x+3)^{10}\mathrm{d}x$．

解 (1) $\int \cos 2x\, \mathrm{d}x = \int \cos 2x \left[\dfrac{1}{2}(2x)'\right]\mathrm{d}x = \dfrac{1}{2}\int \cos 2x\, \mathrm{d}(2x)$

$= \dfrac{1}{2}\int \cos 2x\,(2x)'\mathrm{d}x \xrightarrow{2x=u \atop 换元} \dfrac{1}{2}\int \cos u\, \mathrm{d}u$

$= \dfrac{1}{2}\sin u + C \xrightarrow{u=2x \atop 回代} \dfrac{1}{2}\sin 2x + C.$

(2) $\int (2x+3)^{10} dx = \int (2x+3)^{10} \left[\frac{1}{2}(2x+3)'\right] dx = \frac{1}{2}\int (2x+3)^{10} d(2x+3)$

$= \frac{1}{2}\int (2x+3)^{10}(2x+3)' dx \xrightarrow{\stackrel{2x+3=u}{\text{换元}}} \frac{1}{2}\int u^{10} du$

$= \frac{1}{22}u^{11} + C \xrightarrow{\stackrel{u=2x+3}{\text{回代}}} \frac{1}{22}(2x+3)^{11} + C.$

从上面的分析可以看出,进行第一类换元积分的关键是把被积表达式 $g(x) dx$ 凑成两部分:一部分是 $\varphi(x)$ 的函数 $f[\varphi(x)]$,另一部分是 $\varphi(x)$ 的微分 $\varphi'(x) dx$,即把 $g(x) dx$ 凑写成

$$f[\varphi(x)] \cdot \varphi'(x) dx.$$

然后令 $u = \varphi(x)$,便有

$$g(x) dx = f[\varphi(x)] \varphi'(x) dx = f(u) du,$$

这样就把积分 $\int g(x) dx$ 或 $\int_a^b g(x) dx$ 转化为积分 $\int f(u) du$,由于这种转化是通过把被积函数凑成微分公式来完成,因此叫做**凑微分法**.

当运算熟悉后,上述 u 可以不必写出来.

例 2 求下列积分:

(1) $\int \tan x \, dx$;   (2) $\int \frac{1}{a^2 + x^2} dx.$

解 (1) $\int \tan x \, dx = \int \frac{\sin x}{\cos x} dx = \int \frac{1}{\cos x}[-(\cos x)' dx]$

$= -\int \frac{1}{\cos x} d\cos x = -\ln|\cos x| + C.$

(2) $\int \frac{1}{a^2 + x^2} dx = \int \frac{1}{a^2\left(1+\left(\frac{x}{a}\right)^2\right)} dx = \frac{1}{a^2}\int \frac{1}{1+\left(\frac{x}{a}\right)^2}\left[a\left(\frac{x}{a}\right)' dx\right]$

$= \frac{1}{a}\int \frac{1}{1+\left(\frac{x}{a}\right)^2} d\left(\frac{x}{a}\right) = \frac{1}{a}\arctan \frac{x}{a} + C.$

类似例 2,可得到下列积分公式,作为基本积分表的补充:

(14) $\int \frac{1}{\sqrt{a^2-x^2}} dx = \arcsin \frac{x}{a} + C$ (公式(12) 的推广);

(15) $\int \frac{1}{a^2+x^2} dx = \frac{1}{a}\arctan \frac{x}{a} + C$ (公式(13) 的推广);

(16) $\int \frac{1}{a^2-x^2} dx = \frac{1}{2a}\ln\left|\frac{a+x}{a-x}\right| + C$;

(17) $\int \tan x \, dx = -\ln|\cos x| + C$;

(18) $\int \cot x \, dx = \ln|\sin x| + C$;

(19) $\int \sec x \, dx = \ln|\sec x + \tan x| + C$;

(20) $\int \csc x \, dx = \ln|\csc x - \cot x| + C$.

例 3 求下列积分:

(1) $\int x e^{x^2} \, dx$; (2) $\int \dfrac{\ln x}{x} \, dx$.

解 (1) $\int x e^{x^2} \, dx = \dfrac{1}{2} \int e^{x^2} (x^2)' \, dx = \dfrac{1}{2} \int e^{x^2} \, d(x^2) \xrightarrow[\text{换元}]{x^2 = u} \dfrac{1}{2} \int e^u \, du$

$= \dfrac{1}{2} e^u + C \xrightarrow[\text{回代}]{u = x^2} \dfrac{1}{2} e^{x^2} + C$.

(2) $\int \dfrac{\ln x}{x} \, dx = \int \ln x (\ln x)' \, dx \xrightarrow[\text{换元}]{u = \ln x} \int u \, du = \dfrac{1}{2} u^2 + C \xrightarrow[\text{回代}]{u = \ln x} \dfrac{1}{2} \ln^2 x + C$.

例 4 求下列积分:

(1) $\int \cos^3 x \, dx$; (2) $\int \cos^2 x \, dx$.

解 (1) $\int \cos^3 x \, dx = \int \cos^2 x \cos x \, dx = \int (1 - \sin^2 x) \, d(\sin x)$

$= \int d(\sin x) - \int \sin^2 x \, d(\sin x) = \sin x - \dfrac{1}{3} \sin^3 x + C$.

(2) $\int \cos^2 x \, dx = \int \dfrac{1 + \cos 2x}{2} \, dx = \dfrac{1}{2} \int dx + \dfrac{1}{2} \int \cos 2x \, dx$

$= \dfrac{1}{2} x + \dfrac{1}{4} \int \cos 2x \, d(2x) = \dfrac{1}{2} x + \dfrac{1}{4} \sin 2x + C$.

4.2.2 第二类换元积分法

前面讲的第一类换元积分法,是通过变量代换 $u = \varphi(x)$ 把积分 $\int f[\varphi(x)] \varphi'(x) \, dx$ 转化成积分 $\int f(u) \, du$. 现在介绍第二类换元积分法,它是通过变量代换 $x = \varphi(t)$ 将积分 $\int f(x) \, dx$ 转化成积分 $\int f[\varphi(t)] \varphi'(t) \, dt$, 即

$$\int f(x) \, dx = \int f[\varphi(t)] \varphi'(t) \, dt = \int g(t) \, dt.$$

第 4 章 不定积分

在求出 $\int g(t)dt$ 之后,由 $x=\varphi(t)$ 解出 $t=\varphi^{-1}(x)$ 回代,从而求出 $\int f(x)dx$.

下面给出第二类换元积分公式.

定理 2(不定积分第二类换元公式) 设 $x=\varphi(t)$ 单调、可导,且 $\varphi'(t)\neq 0$,又设 $f[\varphi(t)]\varphi'(t)$ 具有原函数 $F(t)$,则

$$\int f(x)dx \xrightarrow{x=\varphi(t)}_{\text{换元}} \int f[\varphi(t)]\varphi'(t)dt = F(t)+C \xrightarrow{t=\varphi^{-1}(x)}_{\text{回代}} F[\varphi^{-1}(x)]+C,$$

其中 $t=\varphi^{-1}(x)$ 是 $x=\varphi(t)$ 的反函数.

例 5 求下列积分:

(1) $\int \dfrac{1}{1+\sqrt{x}}dx$; (2) $\int \dfrac{x+1}{x\sqrt{x-4}}dx$.

解 为了套用积分表中的积分公式,需要作变量代换,消去根号.

(1) 令 $\sqrt{x}=t$,即作变量代换 $x=t^2 (t>0)$,从而有 $dx=2tdt$,于是

$$\int \frac{1}{1+\sqrt{x}}dx \xrightarrow{x=t^2}_{\text{换元}} \int \frac{2t}{1+t}dt = 2\int \frac{(t+1)-1}{t+1}dt$$

$$= 2\left[\int dt - \int \frac{1}{1+t}dt\right] = 2\left[t - \int \frac{1}{1+t}d(1+t)\right]$$

$$= 2[t - \ln|t+1|] + C$$

$$\xrightarrow{t=\sqrt{x}}_{\text{回代}} 2[\sqrt{x} - \ln|1+\sqrt{x}|] + C.$$

(2) 令 $\sqrt{x-4}=t$,即 $x=t^2+4 (t>0)$,有 $dx=2tdt$,于是

$$\int \frac{x+1}{x\sqrt{x-4}}dx \xrightarrow{x=t^2+4} \int \frac{t^2+4+1}{(t^2+4)t} \cdot 2t dt$$

$$= 2\int \left[1 + \frac{1}{t^2+4}\right]dt = 2\left[t + \frac{1}{2}\arctan\frac{t}{2}\right] + C$$

$$\xrightarrow{t=\sqrt{x-4}}_{\text{回代}} 2\sqrt{x-4} + \arctan\frac{\sqrt{x-4}}{2} + C.$$

例 6 求下列积分:

(1) $\int \sqrt{1-x^2}dx$; (2) $\int \dfrac{1}{\sqrt{x^2+a^2}}dx (a>0)$; (3) $\int \dfrac{1}{\sqrt{x^2-2}}dx$.

解 (1) 令 $x=\sin t$,$t\in\left(-\dfrac{\pi}{2}, \dfrac{\pi}{2}\right)$,有 $dx=\cos t dt$,于是

$$\int \sqrt{1-x^2}dx \xrightarrow{x=\sin t}_{\text{换元}} \int \cos t \cdot \cos t dt = \int \cos^2 t dt = \int \frac{1}{2}(1+\cos 2t)dt$$

$$= \frac{1}{2}\left[\int dt + \frac{1}{2}\int \cos 2t d(2t)\right] = \frac{1}{2}\left[t + \frac{1}{2}\sin 2t\right] + C$$

$$= \frac{1}{2}[t + \sin t \cos t] + C.$$

为将变量 t 换回成变量 x，可借 $x = \sin t$ 作一个辅助三角形，如图 4-3-1 所示，可得 $\cos t = \sqrt{1-x^2}$，所以

$$\int \sqrt{1-x^2}\, dx = \frac{1}{2}[t + \sin t \cos t] + C$$

$$\xrightarrow[\text{回代}]{t = \arcsin x} \frac{1}{2}[\arcsin x + x\sqrt{1-x^2}] + C.$$

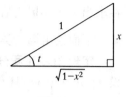

图 4-3-1

(2) 设 $x = a\tan t$，则 $\sqrt{x^2 + a^2} = \sqrt{a^2\tan^2 t + a^2} = a\sec t$，$dx = a\sec^2 t\, dt$. 于是，可求积分

$$\int \frac{dx}{\sqrt{x^2 + a^2}} = \int \frac{a\sec^2 t}{a\sec t}\, dt = \int \sec t\, dt = \ln|\sec t + \tan t| + C.$$

为将变量 t 换回变量 x，可借 $x = a\tan t$ 作一个辅助三角形，如图 4-3-2 所示，可得 $\sec t = \dfrac{\sqrt{x^2 + a^2}}{a}$. 所以，

$$\int \frac{dx}{\sqrt{x^2 + a^2}} = \ln\left|\frac{\sqrt{x^2 + a^2}}{a} + \frac{x}{a}\right| + C_1 = \ln(\sqrt{x^2 + a^2} + x) + C.$$

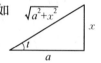

图 4-3-2

(3) 令 $x = \sqrt{2}\sec t$，有 $dx = \sqrt{2}\sec t \cdot \tan t\, dt$，于是有

$$\int \frac{1}{\sqrt{x^2 - 2}}\, dx = \int \frac{\sqrt{2}\sec t \cdot \tan t\, dt}{\sqrt{2\sec^2 t - 2}} = \int \sec t\, dt$$

$$= \ln|\sec t + \tan t| + C.$$

为了将变量 t 换成 x，可借 $x = \sqrt{2}\sec t$ 作一个辅助三角形，如图 4-3-3 所示，可得 $\tan t = \dfrac{\sqrt{x^2 - 2}}{\sqrt{2}} = \sqrt{\dfrac{x^2 - 2}{2}}$，所以，

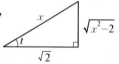

图 4-3-3

$$\int \frac{1}{\sqrt{x^2 - 2}}\, dx = \ln\left|\frac{x}{\sqrt{2}} + \sqrt{\frac{x^2 - 2}{2}}\right| + C_1$$

$$= \ln|x + \sqrt{x^2 - 2}| - \ln\sqrt{2} + C_1$$

$$= \ln|x + \sqrt{x^2 - 2}| + C.$$

一般地说，当被积函数含有：

(1) $\sqrt{a^2 - x^2}$，可作代换 $x = a\sin t$；

(2) $\sqrt{a^2 + x^2}$，可作代换 $x = a\tan t$；

(3) $\sqrt{x^2-a^2}$，可作代换 $x=a\sec t$.

通常称以上代换为**三角代换**，它是第二类换元积分法的重要组成部分. 但在具体解题时，还要具体分析. 例如，$\int x\sqrt{x^2-a^2}\,\mathrm{d}x$ 就不必使用三角代换，使用凑微分法会更加方便.

练习与思考 4-2

1. 计算下列不定积分：

(1) $\int (1+5x)^9 \,\mathrm{d}x$；

(2) $\int \dfrac{1}{3x-1} \,\mathrm{d}x$；

(3) $\int \mathrm{e}^{1-3x} \,\mathrm{d}x$；

(4) $\int \dfrac{1}{x+\sqrt{x}} \,\mathrm{d}x$.

§4.3 分部积分法

上节所介绍的换元积分法，实际上是与微分学中的复合函数求导法相对应的一种积分方法. 本节所要介绍的分部积分法则是与微分学中的函数乘积求导法相对应的一种积分方法，是又一个基本积分方法.

设函数 $u=u(x)$，$v=v(x)$ 都有连续导数，则
$$\mathrm{d}(uv)=u\,\mathrm{d}v+v\,\mathrm{d}u,$$
移项有
$$u\,\mathrm{d}v=\mathrm{d}(uv)-v\,\mathrm{d}u, \qquad ①$$
两边求积分，得
$$\int u\,\mathrm{d}v = uv - \int v\,\mathrm{d}u.$$

这就是**不定积分的分部积分公式**.

分部积分法主要用于求两类性质不同函数的乘积之积分. 当 $\int u\,\mathrm{d}v$ 不好计算，而 $\int v\,\mathrm{d}u$ 易于计算，就可用上面的公式来计算积分.

例如，对于 $\int x\mathrm{e}^x\,\mathrm{d}x$，令 $u=x$，$\mathrm{d}v=\mathrm{e}^x\,\mathrm{d}x$，有 $\mathrm{d}u=\mathrm{d}x$，$v=\mathrm{e}^x$；按分部积分公式，得
$$\int x\mathrm{e}^x\,\mathrm{d}x = \int x\,\mathrm{d}\mathrm{e}^x = x\cdot\mathrm{e}^x - \int \mathrm{e}^x\,\mathrm{d}x = x\mathrm{e}^x - \mathrm{e}^x + C.$$

但是令 $u=\mathrm{e}^x$,$\mathrm{d}v=x\mathrm{d}x$,有 $\mathrm{d}u=\mathrm{e}^x\mathrm{d}x$,$v=\dfrac{1}{2}x^2$;按分部积分公式,得

$$\int x\mathrm{e}^x\mathrm{d}x=\frac{1}{2}\int \mathrm{e}^x\mathrm{d}x^2=\frac{1}{2}\left(\mathrm{e}^x\cdot x^2-\int x^2\mathrm{d}\mathrm{e}^x\right)=\frac{1}{2}\left(x^2\mathrm{e}^x-\int x^2\mathrm{e}^x\mathrm{d}x\right).$$

显然,$\int x^2\mathrm{e}^x\mathrm{d}x$ 比 $\int x\mathrm{e}^x\mathrm{d}x$ 来得复杂,更不易计算. 因此利用分部积分法计算积分的关键是如何把被积表达式分成 u 与 $\mathrm{d}v$ 两部分. 选择的原则是:① v 容易求得;② $\int v\mathrm{d}u$ 比 $\int u\mathrm{d}v$ 容易计算. 一般地,有下列规律:

(1) 如果被积函数是幂函数(指数为正整数)与指数函数或正(余)弦函数的乘积,可选幂函数作为 u;

(2) 如果被积函数是幂函数与对数函数或反三角函数的乘积,可选对数函数或反三角函数作为 u;

(3) 如果被积函数是指数函数与正(余)弦函数的乘积,u 可任意选.

例 1 求下列不定积分:

(1) $\int x\cos x\mathrm{d}x$; (2) $\int x\ln x\mathrm{d}x$;

(3) $\int \arctan x\mathrm{d}x$; (4) $\int \mathrm{e}^x\sin x\mathrm{d}x$.

解 (1) 令 $u=x$,$\mathrm{d}v=\cos x\mathrm{d}x$,有 $\mathrm{d}u=\mathrm{d}x$,$v=\sin x$,由分部积分公式得

$$\int x\cos x\mathrm{d}x=\int x\mathrm{d}\sin x=x\cdot \sin x-\int \sin x\mathrm{d}x$$
$$=x\sin x-(-\cos x)+C=x\sin x+\cos x+C.$$

(2) 令 $u=\ln x$,$x\mathrm{d}x=\dfrac{1}{2}\mathrm{d}x^2=\dfrac{1}{2}\mathrm{d}v$,于是

$$\int x\ln x\mathrm{d}x=\frac{1}{2}\int \ln x\mathrm{d}x^2=\frac{1}{2}\left(\ln x\cdot x^2-\int x^2\mathrm{d}\ln x\right)$$
$$=\frac{1}{2}\left(x^2\ln x-\int x\mathrm{d}x\right)=\frac{1}{2}x^2\ln x-\frac{1}{4}x^2+C.$$

当公式使用熟练以后,就没有必要写出变量 u 与 v,而是直接利用分部积分公式进行计算.

(3) $\int \arctan x\mathrm{d}x=x\cdot \arctan x-\int x\cdot \dfrac{1}{1+x^2}\mathrm{d}x=x\cdot \arctan x-\dfrac{1}{2}\int \dfrac{1}{1+x^2}\mathrm{d}(x^2+1)$

$$=x\cdot \arctan x-\frac{1}{2}\ln(1+x^2)+C.$$

有的不定积分经过分部积分后,并没有直接求出不定积分的结果,但可以像解方程一样,从等式中解出不定积分的结果.

(4) 设不定积分结果为 I,则

$$I = \int e^x \sin x \, dx = \int \sin x \, de^x = e^x \sin x - \int e^x \, d\sin x$$
$$= e^x \sin x - \int e^x \cos x \, dx = e^x \sin x - \left(e^x \cos x - \int e^x \, d\cos x\right)$$
$$= e^x \sin x - e^x \cos x - \int e^x \sin x \, dx = e^x \sin x - \cos x e^x - I,$$

由上式可得 $2I = e^x \sin x - e^x \cos x + C_1$,有 $I = \dfrac{1}{2} e^x (\sin x - \cos x) + C$. 所以,

$$\int e^x \sin x \, dx = \frac{1}{2} e^x (\sin x - \cos x) + C.$$

练习与思考 4-3

1. 计算下列积分:

(1) $\int x \sin x \, dx$;

(2) $\int x e^{2x} \, dx$;

(3) $\int e^x \cos x \, dx$.

本 章 小 结

一、基本思想

不定积分是由求导数(或微分)的逆运算引入. 它是原函数的全体,代表一族函数.

积分法(求原函数或不定积分的方法)与微分法(求导数或微分的方法)互为逆运算. 有一个导数(或微分)公式,就有一个积分公式. 由复合函数求导的逆运算引出换元积分法. 同样,由乘积求导的逆运算引出分部积分法.

二、主要内容

1. 原函数的概念

若 $F'(x) = f(x)$ 或 $dF(x) = f(x)dx$,则称 $F(x)$ 为 $f(x)$ 在相应区间 I 上的一个原函数. 因为 $(F(x)+C)' = f(x)$,故 $f(x)$ 的原函数有无穷多个,且任意两个原函数的差为常数.

2. 积分的概念

不定积分 $\int f(x) dx$ 表示 $f(x)$ 的全体原函数. 若记

$$\int f(x)\mathrm{d}x = F(x)+C \quad (C \text{ 为积分常数}),$$

不定积分的几何意义是平行于一个原函数的积分曲线族.

3. 积分与微分的互逆运算关系

$$\left(\int f(x)\mathrm{d}x\right)' = f(x) \text{ 或 } \mathrm{d}\int f(x)\mathrm{d}x = f(x)\mathrm{d}x,$$

$$\int F'(x)\mathrm{d}x = F(x)+C \text{ 或 } \int \mathrm{d}F(x) = F(x)+C.$$

4. 积分的计算

(1) 基本性质.

(2) 基本积分表. 基本积分公式共有 20 个,它们是积分计算的基础. 应用积分形式不变性,可将基本积分公式 $\int f(x)\mathrm{d}x = F(x)+C$ 推广到 $\int f(u)\mathrm{d}u = F(u)+C$,其中 u 是 x 的可微函数.

(3) 基本积分法.

(a) 第一类换元法(凑微分法),常见的凑微分形式有

$$\int f(ax+b)\mathrm{d}x = \frac{1}{a}\int f(ax+b)\mathrm{d}(ax+b);$$

$$\int f(\sqrt{x})\frac{1}{\sqrt{x}}\mathrm{d}x = 2\int f(\sqrt{x})\mathrm{d}\sqrt{x};$$

$$\int f\left(\frac{1}{x}\right)\frac{\mathrm{d}x}{x^2} = -\int f\left(\frac{1}{x}\right)\mathrm{d}\left(\frac{1}{x}\right);$$

$$\int f(\mathrm{e}^x)\mathrm{e}^x\mathrm{d}x = \int f(\mathrm{e}^x)\mathrm{d}(\mathrm{e}^x);$$

$$\int f(\ln x)\frac{\mathrm{d}x}{x} = \int f(\ln x)\mathrm{d}\ln x;$$

$$\int f(\sin x)\cos x\mathrm{d}x = \int f(\sin x)\mathrm{d}\sin x;$$

$$\int f(\cos x)\sin x\mathrm{d}x = -\int f(\cos x)\mathrm{d}\cos x;$$

$$\int f(\tan x)\frac{\mathrm{d}x}{\cos^2 x} = \int f(\tan x)\mathrm{d}\tan x;$$

$$\int \frac{f(\arcsin x)}{\sqrt{1-x^2}}\mathrm{d}x = \int f(\arcsin x)\mathrm{d}\arcsin x;$$

$$\int \frac{f(\arctan x)}{1+x^2} = \int f(\arctan x)\mathrm{d}\arctan x.$$

(b) 第二类换元法,常见的换元形式有

$$\int f(\sqrt[n]{ax+b})\mathrm{d}x, \text{令} \sqrt[n]{ax+b}=t;$$

$$\int f(\sqrt{a^2-x^2})\mathrm{d}x, \text{令} x=a\sin t;$$

$$\int f(\sqrt{x^2+a^2})\mathrm{d}x, \text{令} x=a\tan t;$$

$\int f(\sqrt{x^2-a^2})\mathrm{d}x$,令 $x=a\sec t$.

在变量代换中,有根式的情况可考虑把根式作为一个整体来处理,主要目的是去根式.

(c) 分部积分法.

$$\int u\mathrm{d}v=uv-\int v\mathrm{d}u.$$

第 5 章 定积分

17世纪下半叶,英国科学家牛顿和德国数学家莱布尼兹分别独立地建立了微分运算和积分运算,由于研究角度不尽相同,在积分学方面,牛顿偏向于微分求导的逆运算,即不定积分,而莱布尼兹则把积分理解为求微分的"和",即定积分.

5.1 定积分的概念

不定积分和定积分是积分学中的两大基本问题. 求不定积分是求导数的逆运算,定积分则是某种和式的极限,他们之间既有区别又有联系. 首先来看定积分概念的提出.

5.1.1 问题提出

1. 曲边梯形的面积

首先给曲边梯形下定义:如图 5-1-1 所示,曲线 $y=f(x)$ 和 3 条直线 $x=a$,$x=b$ 和 $y=0$ 所围成的图形,叫做**曲边梯形**. 曲线 $y=f(x)(a\leqslant x\leqslant b)$ 就叫做曲边梯形的**曲边**,在 Ox 轴上的线段 $[a,b]$ 叫做曲边梯形的**底**.

引例 1 设在 $[a,b]$ 上连续函数 $f(x)\geqslant 0$,求如图 5-1-1 所示的曲边梯形面积.

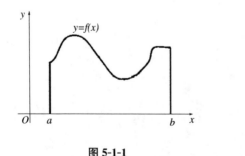

图 5-1-1   图 5-1-2

解 当矩形的长和宽已知时,它的面积可按公式
$$矩形面积=长\times 宽$$
来计算. 但曲边梯形的曲边在区间 $[a,b]$ 上一般是连续变化的,因此不能按上述

公式来计算面积. 但是,如果将区间$[a,b]$分成许多小区间,把曲边梯形分成许多个小的曲边梯形. 在这些小的曲边梯形上,它的曲边虽然仍然变化,但变化不大,那么,每个小曲边梯形就可近似地看作一个小矩形,如图 5-1-2 所示. 将这些小矩形面积相加,就得原曲边梯形的面积近似值. 如果将区间$[a,b]$分得越细,这样求出的小矩形面积之和就越接近原曲边梯形的面积. 令每个小区间的长度趋于零,小矩形面积之和的极限就是曲边梯形的面积. 上述计算曲边梯形面积的具体方法详述如下:

(1) 分割:在区间$[a,b]$中任意插入若干个分点:
$$a=x_0<x_1<x_2<\cdots<x_{n-1}<x_n=b,$$
把$[a,b]$分成 n 个小区间:
$$[x_0,x_1],[x_1,x_2],\cdots,[x_{n-1},x_n],$$
它们的长度依次为
$$\Delta x_1=x_1-x_0, \Delta x_2=x_2-x_1, \cdots, \Delta x_n=x_n-x_{n-1}.$$

(2) 近似:经过每一个分点作平行于 y 轴的直线段,把曲边梯形分成 n 个小曲边梯形. 在每个小区间$[x_{i-1},x_i]$上任取一点 ξ_i,以$[x_{i-1},x_i]$为底、$f(\xi_i)$为高的小矩形近似替代第 i 个窄曲边梯形($i=1,2,\cdots,n$),如图 5-1-2 所示.

(3) 求和:用上述所得小矩形面积之和近似所求曲边梯形面积S,即
$$S\approx f(\xi_1)\Delta x_1+f(\xi_2)\Delta x_2+\cdots+f(\xi_n)\Delta x_n=\sum_{i=1}^{n}f(\xi_i)\Delta x_i.$$

(4) 取极限:为了保证无限细分区间,要求小区间的最大长度趋于零,记 $\lambda=\max\{\Delta x_1,\Delta x_2,\cdots,\Delta x_n\}$,令 $\lambda\to 0$. 当 $\lambda\to 0$ 时上述和式的极限为曲边梯形的面积,即
$$S=\lim_{\lambda\to 0}\sum_{i=1}^{n}f(\xi_i)\Delta x_i.$$

2. 变速直线运动的路程

引例 2 设某物体作变速直线运动. 已知速度 $v=v(t)$ 是时间间隔$[a,b]$上的连续函数,且 $v(t)\geqslant 0$,计算在这段时间内物体所经过的路程 s.

解 如果物体作匀速直线运动,即速度是常量时,根据公式
$$路程=速度\times 时间$$
就可以求出物体所经过的路程. 但是,这里物体运动的速度 $v=v(t)$ 是连续变化的,因此,不能按上述公式来计算路程. 当把时间间隔$[a,b]$分成许多小时间段,在这些很短的时间段内,速度的变化很小,可以近似看作匀速. 以该时间段内某一时刻的速度代替这个时间段的平均速度,就可近似算出每一个小的时间段上的路程;再求和,便得到总路程的近似值;如果将时间间隔无限细分,总路程的近似值的极限就是所求变速直线运动的路程的精确值. 具体计算步骤如下:

(1) 分割：在时间间隔 $[a,b]$ 内任意插入若干个分点：
$$a=t_0<t_1<t_2<\cdots<t_{n-1}<t_n=b,$$
把 $[a,b]$ 分成 n 个小段：
$$[t_0,t_1],[t_1,t_2],\cdots,[t_{n-1},t_n],$$
各小段时间的长度依次为
$$\Delta t_1=t_1-t_0,\ \Delta t_2=t_2-t_1,\ \cdots,\ \Delta t_n=t_n-t_{n-1}.$$
相应地，在各段时间内物体经过的路程依次为
$$\Delta s_1,\ \Delta s_2,\ \cdots,\ \Delta s_n,$$

(2) 近似：在时间间隔 $[t_{i-1},t_i]$ 上任取一个时刻 $\xi_i(t_{i-1}\leqslant\xi_i\leqslant t_i)$，以 ξ_i 时的速度 $v(\xi_i)$ 来代替 $[t_{i-1},t_i]$ 上各个时刻的速度，得到各部分路程 Δs_i 的近似值，即
$$\Delta s_i\approx v(\xi_i)\Delta t_i \quad (i=1,2,\cdots,n).$$

(3) 求和：这 n 段路程的近似值之和就是所求总路程 s 的近似值，即
$$s\approx v(\xi_1)\Delta t_1+v(\xi_2)\Delta t_2+\cdots+v(\xi_n)\Delta t_n=\sum_{i=1}^{n}v(\xi_i)\Delta t_i,$$
记 $\lambda=\max\{\Delta t_1,\Delta t_2,\cdots,\Delta t_n\}$，当 $\lambda\to 0$，取上述和式的极限，即得变速直线运动的路程
$$s=\lim_{\lambda\to 0}\sum_{i=1}^{n}v(\xi_i)\Delta t_i.$$

5.1.2 定积分的定义

上面两个引例虽然实际意义不同，但是处理的思想方法和步骤是完全相同的，即分割、近似、求和、取极限，并且最后都归结为一种特殊的和式极限.

定义1 设函数 $f(x)$ 在区间 $[a,b]$ 上连续，任意用分点
$$a=x_0<x_1<\cdots<x_{i-1}<x_i<\cdots<x_n=b$$
把区间 $[a,b]$ 分成 n 个小区间：$[x_0,x_1],[x_1,x_2],\cdots,[x_{n-1},x_n]$，各个小区间的长度依次为 $\Delta x_1=x_1-x_0,\ \Delta x_2=x_2-x_1,\ \cdots,\ \Delta x_n=x_n-x_{n-1}$，在每个小区间 $[x_{i-1},x_i]$ 上任取一点 $\xi_i(x_{i-1}\leqslant\xi_i\leqslant x_i)$，有相应的函数值 $f(\xi_i)$，作乘积 $f(\xi_i)\Delta x_i(i=1,2,\cdots,n)$，并求和式
$$I_n=\sum_{i=1}^{n}f(\xi_i)\Delta x_i,$$
其中 $\lambda=\max_{1\leqslant i\leqslant n}\{\Delta x_i\}$，如果不论对 $[a,b]$ 怎样分法，又不论在小区间 $[x_{i-1},x_i]$ 上点 ξ_i 怎样选取，只要当 $\lambda\to 0$ 时，和式 I_n 总趋近于一个确定极限. 我们把这个极限值叫做函数 $f(x)$ 在区间 $[a,b]$ 上的**定积分**，记作 $\int_a^b f(x)\mathrm{d}x$，即

第 5 章 定积分

$$\int_a^b f(x)\mathrm{d}x = \lim_{\lambda \to 0}\sum_{i=1}^n f(\xi_i)\Delta x_i,$$

其中,符号"$\int$"叫积分号(表示求和取极限,即无限求和);a 与 b 分别叫做积分下限和上限,区间$[a,b]$叫做积分区间,函数 $f(x)$ 叫做**被积函数**,x 叫做积分变量,$f(x)\mathrm{d}x$ 叫做**被积表达式**. 在不至于混淆时,定积分也简称积分.

根据定积分的定义,就可以有下列结论:

(1) 曲边梯形的面积 S 等于其曲边所对应的函数 $f(x)$ ($f(x)\geqslant 0$)在其底所在区间$[a,b]$上的定积分

$$S = \int_a^b f(x)\mathrm{d}x.$$

(2) 变速直线运动的物体所经过的路程 s 等于其速度 $v=v(t)$ ($v(t)\geqslant 0$)在时间区间$[a,b]$上的定积分

$$s = \int_a^b v(t)\mathrm{d}t.$$

注 1 定积分做成和的极限,它的值只与被积函数 f 和积分区间$[a,b]$有关,而与区间的划分、点的选取以及积分变量所用的符号无关,即

$$\int_a^b f(n)\mathrm{d}n = \int_a^b f(t)\mathrm{d}t = \int_a^b f(\theta)\mathrm{d}\theta = \cdots.$$

注 2 在定义中实际上假设了 $a<b$,为了计算与应用的方便补充两个规定:

(1) 当 $a>b$ 时,规定 $\int_a^b f(x)\mathrm{d}x = -\int_b^a f(x)\mathrm{d}x$;

(2) 当 $a=b$ 时,规定 $\int_a^b f(x)\mathrm{d}x = 0$.

5.1.3 定积分的几何意义

不妨设由连续曲线 $y=f(x)$,直线 $x=a$,$x=b$ 与 x 轴所围成的曲边梯形的面积为 A($A\geqslant 0$). 由引例 1 和定积分的定义可知:

(1) 若在$[a,b]$上 $f(x)\geqslant 0$,则曲边梯形位于 x 轴上方,$\int_a^b f(x)\mathrm{d}x = A$;

(2) 若在$[a,b]$上 $f(x)\leqslant 0$,则 $\int_a^b f(x)\mathrm{d}x \leqslant 0$,即 $\int_a^b f(x)\mathrm{d}x = -A$,此时曲边梯形位于 x 轴下方,如图 5-1-3 所示,面积 $A = -\int_a^b f(x)\mathrm{d}x$;

(3) 若在$[a,b]$上 $f(x)$ 有时正有时负,如图 5-1-4 所示,则由(1)和(2)知面积

$$A = A_1 + A_2 + A_3 = \int_a^c f(x)\mathrm{d} - \int_c^d f(x)\mathrm{d}x + \int_d^b f(x)\mathrm{d}x,$$

于是,

$$\int_a^b f(x)\mathrm{d}x = A_1 - A_2 + A_3.$$

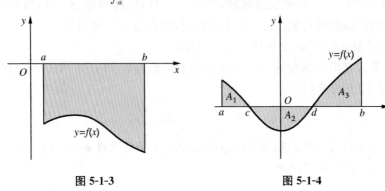

图 5-1-3　　　　　　　　　图 5-1-4

例 1　用定积分表示图 5-1-5 中图形的阴影面积.

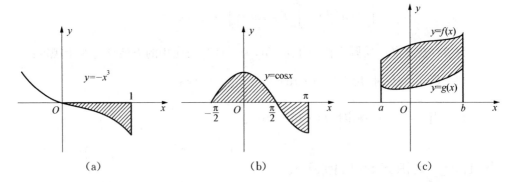

(a)　　　　　　　　(b)　　　　　　　　(c)

图 5-1-5

解　(1) 在 $[0,1]$ 上有 $-x^3 < 0$,由定积分的几何意义得

$$S = -\int_0^1 (-x^3)\mathrm{d}x.$$

(2) 在 $\left[-\dfrac{\pi}{2}, \dfrac{\pi}{2}\right]$ 上,有 $\cos x \geqslant 0$;在 $\left[\dfrac{\pi}{2}, \pi\right]$ 上,有 $\cos x \leqslant 0$,于是将阴影面积分为两部分:S_1 为 $\left[-\dfrac{\pi}{2}, \dfrac{\pi}{2}\right]$ 上的面积,S_2 为 $\left[\dfrac{\pi}{2}, \pi\right]$ 上的面积.阴影面积为

$$S = S_1 + S_2 = \int_{-\frac{\pi}{2}}^{\frac{\pi}{2}} \cos x \, \mathrm{d}x - \int_{\frac{\pi}{2}}^{\pi} \cos x \, \mathrm{d}x.$$

(3) $S = \int_a^b f(x) \mathrm{d}x - \int_a^b g(x) \mathrm{d}x$.

练习与思考 5-1

1. 用定积分表示下图各阴影部分的面积：

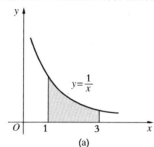
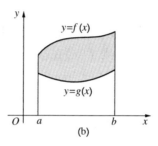

图 5-1-6

2. 利用定积分的几何意义，判断下列定积分的正负：

(1) $\int_{-1}^{2} x \, \mathrm{d}x$； (2) $\int_{-1}^{2} x^2 \, \mathrm{d}x$；

(3) $\int_{0}^{\frac{\pi}{2}} \sin x \, \mathrm{d}x$.

§5.2 定积分的性质

由§5.1节的学习可以看到，通过求积分和的极限来计算定积分一般是比较困难的，所以，我们提供计算定积分的一个有效方法，即牛顿-莱布尼兹公式．

5.2.1 牛顿-莱布尼兹公式

物体所经过的路程就是速度函数在$[a, b]$上的定积分，即

$$S = \int_a^b v(t) \mathrm{d}t,$$

如果有位置函数$S(t)$，路程还可以看作这段时间内位置的改变量，即

$$S = S(b) - S(a),$$

有

$$\int_a^b v(t)\mathrm{d}t = S(b) - S(a).$$

根据导数的物理意义和原函数的定义，上式可以这样描述：速度函数 $v(t)$ 在 $[a,b]$ 上的定积分，等于速度函数 $v(t)$ 的原函数 $S(t)$ 在 $[a,b]$ 上的改变量 $S(b) - S(a)$.

上述结论具有一般性，即函数 $f(x)$ 在 $[a,b]$ 上的定积分 $\int_a^b f(x)\mathrm{d}x$ 等于 $f(x)$ 的原函数 $F(x)$ 在 $[a,b]$ 上的改变量 $F(b) - F(a)$，即

$$\int_a^b f(x)\mathrm{d}x = F(b) - F(a).$$

定理 1 若函数 $f(x)$ 在 $[a,b]$ 上连续，且存在原函数 $F(x)$，即 $F'(x) = f(x)$，$x \in [a,b]$，则 $f(x)$ 在 $[a,b]$ 上可积，且

$$\int_a^b f(x)\mathrm{d}x = F(b) - F(a),$$

上式称为牛顿-莱布尼兹公式，通常也写成

$$\int_a^b f(x)\mathrm{d}x = F(x)\Big|_a^b.$$

例 1 利用牛顿-莱布尼兹公式计算下列定积分：

(1) $\int_0^1 x^2 \mathrm{d}x$； (2) $\int_a^b \mathrm{e}^x \mathrm{d}x$；

(3) $\int_0^1 \dfrac{1}{1+x^2}\mathrm{d}x$； (4) $\int_a^b x^n \mathrm{d}x$（n 为正整数）.

解 利用牛顿-莱布尼兹公式计算定积分十分方便.

(1) 因为 $\left(\dfrac{1}{3}x^3\right)' = x^2$，所以 $\dfrac{1}{3}x^3$ 是 x^2 的原函数. 根据牛顿-莱布尼兹公式，有

$$\int_0^1 x^2\mathrm{d}x = \frac{1}{3}x^3\Big|_0^1 = \frac{1}{3} - 0 = \frac{1}{3}.$$

(2) 因为 $(\mathrm{e}^x)' = \mathrm{e}^x$，所以 e^x 是 e^x 的一个原函数. 根据牛顿-莱布尼兹公式，有

$$\int_a^b \mathrm{e}^x \mathrm{d}x = \mathrm{e}^x\Big|_a^b = \mathrm{e}^b - \mathrm{e}^a.$$

(3) 因为 $(\arctan x)' = \dfrac{1}{1+x^2}$，所以 $\arctan x$ 是 $\dfrac{1}{1+x^2}$ 的原函数. 根据牛顿-莱布尼兹公式，有

第 5 章 定积分

$$\int_0^1 \frac{1}{1+x^2}dx = \arctan x \Big|_0^1 = \arctan 1 - \arctan 0 = \frac{\pi}{4}.$$

(4) 因为 $\left(\dfrac{x^{n+1}}{n+1}\right)' = x^n$，所以，$\dfrac{x^{n+1}}{n+1}$ 是 x^n 的一个原函数. 根据牛顿-莱布尼兹公式，有

$$\int_a^b x^n dx = \frac{x^{n+1}}{n+1}\Big|_a^b = \frac{1}{n+1}(b^{n+1} - a^{n+1}).$$

例 2 计算下列定积分：

(1) $\int_0^1 (1+2x-3x^2)dx$；   (2) $\int_0^1 \dfrac{1}{x^2-4}dx$；

(3) $\int_0^{\frac{\pi}{2}} \sin^2\dfrac{x}{2}dx$；   (4) $\int_0^{\frac{\pi}{4}} \tan^2 x\, dx$；

(5) $\int_0^1 \dfrac{1-2x^2}{1+x^2}dx$.

解 (1) $\int_0^1 (1+2x-3x^2)dx = (x+x^2-x^3)\Big|_0^1 = 1.$

(2) $\int_0^1 \dfrac{1}{x^2-4}dx = \int_0^1 \dfrac{1}{(x+2)(x-2)}dx = \dfrac{1}{4}\int_0^1 \left(\dfrac{1}{x-2} - \dfrac{1}{x+2}\right)dx$

$= \dfrac{1}{4}(\ln|x-2| - \ln|x+2|)\Big|_0^1 = \dfrac{1}{4}(-\ln 2 - \ln 3 + \ln 2)$

$= -\dfrac{1}{4}\ln 3.$

(3) $\int_0^{\frac{\pi}{2}} \sin^2\dfrac{x}{2}dx = \int_0^{\frac{\pi}{2}} \dfrac{1-\cos x}{2}dx = \dfrac{1}{2}(x-\sin x)\Big|_0^{\frac{\pi}{2}} = \dfrac{1}{2}\left(\dfrac{\pi}{2}-1\right).$

(4) $\int_0^{\frac{\pi}{4}} \tan^2 x\, dx = \int_0^{\frac{\pi}{4}} (\sec^2 x - 1)dx = \int_0^{\frac{\pi}{4}} \sec^2 x\, dx - \int_0^{\frac{\pi}{4}} 1\, dx$

$= (\tan x - x)\Big|_0^{\frac{\pi}{4}} = 1 - \dfrac{\pi}{4}.$

(5) $\int_0^1 \dfrac{1-2x^2}{1+x^2}dx = \int_0^1 \left(\dfrac{-2x^2-2}{1+x^2} + \dfrac{3}{1+x^2}\right)dx$

$= \int_0^1 \left(-2 + \dfrac{3}{x^2+1}\right)dx = (3\arctan x - 2x)\Big|_0^1$

$= 3\arctan 1 - 3\arctan 0 - 2$

$= \dfrac{3}{4}\pi - 2.$

5.2.2 可积条件

要判断一个函数是否可积,固然可以根据定义,直接考察积分和是否能无限接近某一常数,但由于积分和的复杂性以及那个常数无法明显确定,因此需要从被积函数本身研究它的可积情况,而不涉及它的定积分值.

定理 2 若 $f(x)$ 为 $[a,b]$ 上的连续函数,则 $f(x)$ 在 $[a,b]$ 上可积.

定理 3 若 $f(x)$ 是 $[a,b]$ 上只有有限个间断点的有界函数,则 $f(x)$ 在 $[a,b]$ 上可积.

定理 4 若 $f(x)$ 是 $[a,b]$ 上的单调函数,则 $f(x)$ 在 $[a,b]$ 上可积.

由此可以给出定积分的相关性质.

5.2.3 定积分的基本性质

设 $f(x)$, $g(x)$ 在相应区间可积,则有以下性质:

性质 1 若 $f(x)$, $g(x)$ 在 $[a,b]$ 上可积,k 为常数,则 $kf(x)$ 在 $[a,b]$ 上也可积,且

$$\int_a^b kf(x)\mathrm{d}x = k\int_a^b f(x)\mathrm{d}x.$$

性质 2 若 $f(x)$, $g(x)$ 在 $[a,b]$ 上可积,则 $f(x) \pm g(x)$ 在 $[a,b]$ 上也可积,且

$$\int_a^b [f(x) \pm g(x)]\mathrm{d}x = \int_a^b f(x)\mathrm{d}x \pm \int_a^b g(x)\mathrm{d}x.$$

性质 1 与性质 2 是定积分的线性性质,即定积分线性运算为

$$\int_a^b [k_1 f(x) \pm k_2 g(x)]\mathrm{d}x = k_1\int_a^b f(x)\mathrm{d}x \pm k_2\int_a^b g(x)\mathrm{d}x,$$

其中 k_1, k_2 为常数.

性质 3 任给 $c \in (a,b)$,若 $f(x)$ 在 $[a,c]$ 与 $[c,b]$ 上都可积,则有

$$\int_a^b f(x)\mathrm{d}x = \int_a^c f(x)\mathrm{d}x + \int_c^b f(x)\mathrm{d}x.$$

性质 3 可称为关于积分区间的可加性.

如果 $f(x)$ 为奇函数,则 $\int_{-a}^a f(x)\mathrm{d}x = 0$;如果 $f(x)$ 为偶函数,则 $\int_{-a}^a f(x)\mathrm{d}x$

$$=2\int_0^a f(x)\mathrm{d}x.\ 此外,还有 \int_a^b 0\mathrm{d}x=0,\ \int_a^b f(x)\mathrm{d}x=-\int_b^a f(x)\mathrm{d}x.$$

性质 4 若 $f(x)\geqslant 0,\ x\in[a,b]$,则

$$\int_a^b f(x)\mathrm{d}x \geqslant 0.$$

由性质 4 可以推导出:

若 $f(x)\leqslant g(x),\ x\in[a,b]$,则有

$$\int_a^b f(x)\mathrm{d}x \leqslant \int_a^b g(x)\mathrm{d}x.$$

性质 5 若 $f(x)$ 在 $[a,b]$ 上可积,则 $|f(x)|$ 在 $[a,b]$ 上也可积,且

$$\left|\int_a^b f(x)\mathrm{d}x\right| \leqslant \int_a^b |f(x)|\mathrm{d}x.$$

例 3 求下列定积分:

(1) $\int_{-1}^1 \dfrac{x^3}{\sqrt{1+x^2}}\mathrm{d}x$;

(2) $\int_1^2 \dfrac{(x-1)^3}{x^2}\mathrm{d}x$;

(3) $\int_0^\pi |\cos x|\mathrm{d}x$;

(4) $\int_{-1}^1 f(x)\mathrm{d}x$,其中

$$f(x)=\begin{cases}2x-1,\ -1\leqslant x<0,\\ \mathrm{e}^{-x},\ 0\leqslant x\leqslant 1.\end{cases}$$

解 (1) 由

$$f(x)=\dfrac{x^3}{\sqrt{1+x^2}},\ f(-x)=\dfrac{(-x)^3}{\sqrt{1+(-x)^2}}=-f(x),$$

可知 $f(x)$ 为奇函数. 由性质 3 可得 $\int_{-1}^1 \dfrac{x^3}{\sqrt{1+x^2}}\mathrm{d}x=0$.

(2) $\int_1^2 \dfrac{(x-1)^3}{x^2}\mathrm{d}x = \int_1^2 \dfrac{x^3-3x^2+3x-1}{x^2}\mathrm{d}x = \int_1^2 x-3+\dfrac{3}{x}-x^{-2}\mathrm{d}x$

$= \left(\dfrac{1}{2}x^2-3x+3\ln|x|+\dfrac{1}{x}\right)\bigg|_1^2$

$= \dfrac{1}{2}(2^2-1)-3(2-1)+3(\ln 2-\ln 1)+\left(\dfrac{1}{2}-1\right)$

$= \dfrac{3}{2}-3+3\ln 2-\dfrac{1}{2}=3\ln 2-2.$

(3) $\int_0^\pi |\cos x| dx = \int_0^{\frac{\pi}{2}} \cos x \, dx + \int_{\frac{\pi}{2}}^\pi (-\cos x) dx = (\sin x)\big|_0^{\frac{\pi}{2}} - (\sin x)\big|_{\frac{\pi}{2}}^\pi$

$= \left(\sin \frac{\pi}{2} - \sin 0\right) - \left(\sin \pi - \sin \frac{\pi}{2}\right) = 2.$

(4) 对于分段函数的定积分,通常利用积分区间可加性来计算,即

$\int_{-1}^1 f(x) dx = \int_{-1}^0 f(x) dx + \int_0^1 f(x) dx = \int_{-1}^0 (2x-1) dx + \int_0^1 e^{-x} dx$

$= (x^2 - x)\big|_{-1}^0 + (-e^{-x})\big|_0^1 = (0-2) + (-e^{-1}+1)$

$= -e^{-1} - 1.$

5.2.4 积分中值定理

定理 5(积分中值定理) 若 $f(x)$ 在 $[a,b]$ 上连续,则至少存在一点 $\xi \in [a,b]$,使得

$$\int_a^b f(x) dx = f(\xi)(b-a).$$

很显然,如果 M, m 分别为函数 $f(x)$ 在 $[a,b]$ 上的最大值、最小值,则有

$$m(b-a) \leqslant \int_a^b f(x) dx \leqslant M(b-a).$$

注 事实上,定理 6 中的中值点 ζ 必能在开区间 (a,b) 内取得.

积分中值定理的几何意义: $\frac{1}{b-a}\int_a^b f(x) dx$ 可理解为 $f(x)$ 在 $[a,b]$ 上所有函数值的平均值,如图 5-2-1 所示.

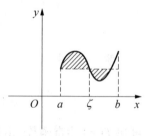

图 5-2-1

例 4 试求 $f(x) = \sin x$ 在 $[0, \pi]$ 上的平均值.

解 所求平均值为

$$f(\xi) = \frac{1}{\pi} \int_0^\pi \sin x \, dx = -\frac{1}{\pi} \cos x \bigg|_0^\pi = \frac{2}{\pi}.$$

练习与思考 5-2

1. 计算下列定积分:

(1) $\int_0^1 (2x+3)\mathrm{d}x$; (2) $\int_0^1 \dfrac{1-x^2}{1+x^2}\mathrm{d}x$.

2. 求下列积分：

(1) $\int_0^{\frac{\pi}{2}} \cos x\,\mathrm{d}x$; (2) $\int_0^1 \dfrac{\mathrm{e}^x - \mathrm{e}^{-x}}{2}\mathrm{d}x$.

§5.3 定积分的计算

在解决了函数的可积性问题、了解了定积分的性质后，我们来着重解决求解定积分的问题．

5.3.1 直接由不定积分求解定积分

直接由不定积分求解定积分就是直接运用积分法则和公式，先求不定积分，然后带入上限减下限．

例1 求 $\int_0^1 \dfrac{x^4}{1+x^2}\mathrm{d}x$.

解
$$\begin{aligned}
\int_0^1 \dfrac{x^4}{1+x^2}\mathrm{d}x &= \int_0^1 \dfrac{x^4+1-1}{1+x^2}\mathrm{d}x \\
&= \int_0^1 \dfrac{(x^2+1)(x^2-1)}{1+x^2}\mathrm{d}x + \int_0^1 \dfrac{1}{1+x^2}\mathrm{d}x \\
&= \int_0^1 (x^2-1)\mathrm{d}x + \arctan x\,\Big|_0^1 \\
&= \left(\dfrac{1}{3}x^3 - x + \arctan x\right)\Big|_0^1 = \dfrac{1}{3} - 1 + \arctan 1 \\
&= -\dfrac{2}{3} + \dfrac{\pi}{4}.
\end{aligned}$$

5.3.2 换元积分法

对原函数有了充分认识以后，就能顺利地把不定积分的换元法和分步积分法移植到定积分计算中来．

1. 第一类换元积分法

定理1(定积分第一类换元公式) 设 $F(u)$ 是 $f(u)$ 的原函数，对于 $u = \varphi(x)$，如果 $\varphi'(x)$ 在 $[a,b]$ 上连续，且 $f(u)$ 在 $\varphi(x)$ 的值域区间上连续，则

$$\int_a^b f[\varphi(x)]\varphi'(x)\mathrm{d}x = \int_a^b f[\varphi(x)]\mathrm{d}\varphi(x) \xrightarrow[\text{换元}]{\varphi(x)=u} \int_{\varphi(a)}^{\varphi(b)} f(u)\mathrm{d}u$$

$$= F(u)\Big|_{\varphi(a)}^{\varphi(b)} = F[\varphi(b)] - F[\varphi(a)].$$

例2 求下列积分：

(1) $\int_0^1 \mathrm{e}^{3x}\mathrm{d}x$；   (2) $\int_1^{\mathrm{e}} \dfrac{\ln x}{x}\mathrm{d}x.$

解 (1) $\int_0^1 \mathrm{e}^{3x}\mathrm{d}x = \int_0^1 \mathrm{e}^{3x}\left[\dfrac{1}{3}(3x)'\right]\mathrm{d}x$

$$= \dfrac{1}{3}\int_0^1 \mathrm{e}^{3x}(3x)'\mathrm{d}x \xrightarrow[\text{换元}]{3x=u} \dfrac{1}{3}\int_0^3 \mathrm{e}^u \mathrm{d}u$$

$$= \dfrac{1}{3}\mathrm{e}^u\Big|_0^3 = \dfrac{1}{3}(\mathrm{e}^3 - \mathrm{e}^0) = \dfrac{1}{3}(\mathrm{e}^3 - 1).$$

(2) $\int_1^{\mathrm{e}}\dfrac{\ln x}{x}\mathrm{d}x = \int_1^{\mathrm{e}}\ln x(\ln x)'\mathrm{d}x \xrightarrow[\text{换元}]{\ln x=u}\int_0^1 u\mathrm{d}u = \dfrac{1}{2}u^2\Big|_0^1 = \dfrac{1}{2}.$

从上面的分析可以看出，进行第一类换元积分的关键是把被积表达式 $g(x)\mathrm{d}x$ 凑成两部分：一部分是 $\varphi(x)$ 的函数 $f[\varphi(x)]$，另一部分是 $\varphi(x)$ 的微分 $\varphi'(x)\mathrm{d}x$，即把 $g(x)\mathrm{d}x$ 凑写成

$$f[\varphi(x)] \cdot \varphi'(x)\mathrm{d}x.$$

然后令 $u = \varphi(x)$，便有

$$g(x)\mathrm{d}x = f[\varphi(x)]\varphi'(x)\mathrm{d}x = f(u)\mathrm{d}u,$$

这样就把积分 $\int g(x)\mathrm{d}x$ 或 $\int_a^b g(x)\mathrm{d}x$ 转化为积分 $\int f(u)\mathrm{d}u$ 或 $\int_{\varphi(a)}^{\varphi(b)} f(u)\mathrm{d}u$，由于这种转化是通过凑常数和换元来完成，因此叫做**凑微分法**。

当运算熟悉后，上述 u 可以不必写出来。

例3 求下列积分：

(1) $\int_0^2 x\mathrm{e}^{x^2}\mathrm{d}x$；   (2) $\int_0^2 x\sqrt{x^2+1}\mathrm{d}x.$

解 (1) 用凑微分法。

$$\int_0^2 x\mathrm{e}^{x^2}\mathrm{d}x = \int_0^2 \mathrm{e}^{x^2}\mathrm{d}\dfrac{x^2}{2} = \dfrac{1}{2}\mathrm{e}^{x^2}\Big|_0^2 = \dfrac{1}{2}(\mathrm{e}^{2^2} - \mathrm{e}^0)$$

$$= \dfrac{1}{2}(\mathrm{e}^4 - 1).$$

(2) $\int_0^2 x\sqrt{x^2+1}\mathrm{d}x = \int_0^2 (x^2+1)^{\frac{1}{2}}\left[\dfrac{1}{2}(x^2+1)'\mathrm{d}x\right] = \dfrac{1}{2}\int_0^2 (x^2+1)^{\frac{1}{2}}\mathrm{d}(x^2+1)$

$$= \frac{1}{2} \cdot \frac{1}{\frac{3}{2}} (x^2+1)^{\frac{3}{2}} \Big|_0^2 = \frac{1}{3}(\sqrt{125}-1).$$

类似例 3,可得到下列积分公式,作为基本积分表的补充:

(14) $\int \dfrac{1}{a^2+x^2} \mathrm{d}x = \dfrac{1}{a} \arctan \dfrac{x}{a} + C$ (公式(13) 的推广);

(15) $\int \dfrac{1}{a^2-x^2} \mathrm{d}x = \dfrac{1}{2a} \ln \left| \dfrac{a+x}{a-x} \right| + C$;

(16) $\int \dfrac{1}{\sqrt{a^2-x^2}} \mathrm{d}x = \arcsin \dfrac{x}{a} + C$ (公式(12) 的推广);

(17) $\int \tan x \mathrm{d}x = -\ln|\cos x| + C$;

(18) $\int \cot x \mathrm{d}x = \ln|\sin x| + C$;

(19) $\int \sec x \mathrm{d}x = \ln|\sec x + \tan x| + C$;

(20) $\int \csc x \mathrm{d}x = \ln|\csc x - \cot x| + C$.

2. 第二类换元积分法

定理 2(定积分第二类换元公式) 设 $f(x)$ 在 $[a,b]$ 上连续,令 $x=\varphi(t)$,如果

(1) $\varphi(\alpha)=a, \varphi(\beta)=b$,且 $a \leqslant \varphi(t) \leqslant b$;

(2) $\varphi(t)$ 在以 α,β 为端点的区间内有连续导数,

则有

$$\int_a^b f(x) \mathrm{d}x \xrightarrow[\text{换元}]{x=\varphi(t)} \int_\alpha^\beta f[\varphi(t)] \varphi'(t) \mathrm{d}t. \qquad ②$$

注 (1) 由定积分第一类和第二类换元公式可知,定积分换元时还应对上、下限换元,而且上(下)限换元后的值仍写在上(下)限. 若换元后所得定积分上限小于下限,可以由补充规定(a),交换上下限,定积分变号.

(2) 定积分是与积分变量无关的数,因此可以省去回代变量的过程;而不定积分的结果与积分变量有关,不能省略回代.

例 4 求下列积分:

(1) $\int_0^1 \sqrt{1-x^2} \mathrm{d}x$; (2) $\int_0^{\frac{\pi}{2}} \sin t \cos^2 t \mathrm{d}t$.

解 (1) 令 $x=\sin t$,$\mathrm{d}x = \cos t \mathrm{d}t$(第二类换元法). 有

$$\int_0^1 \sqrt{1-x^2} \mathrm{d}x = \int_0^{\frac{\pi}{2}} \sqrt{1-\sin^2 t} \cos t \mathrm{d}t = \int_0^{\frac{\pi}{2}} \cos^2 t \mathrm{d}t$$

$$= \frac{1}{2}\int_0^{\frac{\pi}{2}} 1+\cos 2t\, dt = \frac{1}{2}\left(t+\frac{1}{2}\sin 2t\right)\Big|_0^{\frac{\pi}{2}} = \frac{\pi}{4}.$$

(2) 令 $x=\cos t$，$dx=-\sin t\,dt$. 当 t 由 0 变到 $\frac{\pi}{2}$ 时，x 由 1 减到 0，则有

$$\int_0^{\frac{\pi}{2}}\sin t\cos^2 t\,dt = -\int_1^0 x^2\,dx = \int_0^1 x^2\,dx = \frac{1}{3}.$$

注 实际上本题是对公式②的逆向使用.

例 5 求下列定积分：

(1) $\int_0^3 \frac{x+2}{\sqrt{4-x}}dx$； (2) $\int_1^{\sqrt{3}} \frac{dx}{x^2\sqrt{1+x^2}}$； *(3) $J=\int_0^1 \frac{\ln(1+x)}{1+x^2}dx$.

解 (1) 令 $\sqrt{4-x}=t$，即 $x=4-t^2(t>0)$，有 $dx=-2t\,dt$；
当 $x=0$ 时，$t=2$，当 $x=3$ 时，$t=1$，于是

$$\int_0^3 \frac{x+2}{\sqrt{4-x}}dx = \int_2^1 \frac{(6-t^2)}{t}\cdot(-2)t\,dt = 2\int_1^2(6-t^2)dt$$

$$= 2\left[6t-\frac{1}{3}t^3\right]\Big|_1^2 = \frac{22}{3}.$$

(2) 令 $x=\tan t$，$t\in\left(-\frac{\pi}{2},\frac{\pi}{2}\right)$，有 $dx=\sec^2 t\,dt$；
当 $x=1$ 时，$t=\frac{\pi}{4}$，当 $x=\sqrt{3}$ 时，$t=\frac{\pi}{3}$，于是

$$\int_1^{\sqrt{3}} \frac{1}{x^2\sqrt{1+x^2}}dx = \int_{\frac{\pi}{4}}^{\frac{\pi}{3}} \frac{\sec^2 t}{\tan^2 t\sec t}dt = \int_{\frac{\pi}{4}}^{\frac{\pi}{3}} \frac{\cos t}{\sin^2 t}dt$$

$$= \int_{\frac{\pi}{4}}^{\frac{\pi}{3}} \frac{1}{\sin^2 t}d\sin t = -\frac{1}{\sin t}\Big|_{\frac{\pi}{4}}^{\frac{\pi}{3}} = \sqrt{2}-\frac{2}{3}\sqrt{3}.$$

*(3) 令 $x=\tan t$，当 t 从 0 变到 $\frac{\pi}{4}$ 时，x 从 0 增到 1. 于是由公式②及 $dt=\frac{dx}{1+x^2}$，得到

$$J = \int_0^{\frac{\pi}{4}}\ln(1+\tan t)dt = \int_0^{\frac{\pi}{4}}\ln\frac{\cos t+\sin t}{\cos t}dt = \int_0^{\frac{\pi}{4}}\ln\frac{\sqrt{2}\cos\left(\frac{\pi}{4}-t\right)}{\cos t}dt$$

$$= \int_0^{\frac{\pi}{4}}\ln\sqrt{2}\,dt + \int_0^{\frac{\pi}{4}}\ln\cos\left(\frac{\pi}{4}-t\right)dt - \int_0^{\frac{\pi}{4}}\ln\cos t\,dt.$$

对中间的定积分作变换，$u=\frac{\pi}{4}-t$，有

第 5 章　定积分

$$\int_0^{\frac{\pi}{4}} \ln\cos\left(\frac{\pi}{4}-t\right)\mathrm{d}t = \int_{\frac{\pi}{4}}^0 \ln\cos u(-\mathrm{d}u) = \int_0^{\frac{\pi}{4}} \ln\cos u\,\mathrm{d}u.$$

它与 J 式中最后一项相消,故得

$$J = \int_0^{\frac{\pi}{4}} \ln\sqrt{2}\,\mathrm{d}t = \frac{\pi}{8}\ln 2.$$

5.3.3　分部积分法

定理 3(定积分分部积分法)　若 $u(x)$, $v(x)$ 为 $[a,b]$ 上的连续可微函数,则有定积分分部积分公式

$$\int_a^b u(x)v'(x)\,\mathrm{d}x = u(x)v(x)\Big|_a^b - \int_a^b u'(x)v(x)\,\mathrm{d}x.$$

为方便起见,上式允许写成

$$\int_a^b u(x)\,\mathrm{d}v(x) = u(x)v(x)\Big|_a^b - \int_a^b v(x)\,\mathrm{d}u(x).$$

例 6　求下列定积分：

(1) $\int_0^{\frac{\pi}{4}} x^2\sin x\,\mathrm{d}x$；
(2) $\int_0^{\frac{1}{2}} \arcsin x\,\mathrm{d}x$.

解　(1) $\int_0^{\frac{\pi}{4}} x^2\sin x\,\mathrm{d}x = \int_0^{\frac{\pi}{4}} x^2\,\mathrm{d}(-\cos x) = -x^2\cos x\Big|_0^{\frac{\pi}{4}} + \int_0^{\frac{\pi}{4}} \cos x\,\mathrm{d}x^2$

$$= -\frac{\pi^2}{16}\frac{\sqrt{2}}{2} + \int_0^{\frac{\pi}{4}} 2x\cos x\,\mathrm{d}x = -\frac{\sqrt{2}}{32}\pi^2 + 2\int_0^{\frac{\pi}{4}} x\,\mathrm{d}\sin x$$

$$= -\frac{\sqrt{2}}{32}\pi^2 + 2x\sin x\Big|_0^{\frac{\pi}{4}} - 2\int_0^{\frac{\pi}{4}} \sin x\,\mathrm{d}x$$

$$= \frac{\sqrt{2}}{4}\pi - \frac{\sqrt{2}}{32}\pi^2 + 2\cos x\Big|_0^{\frac{\pi}{4}} = \frac{\sqrt{2}}{4}\pi - \frac{\sqrt{2}}{32}\pi^2 + \sqrt{2} - 2.$$

(2) $\int_0^{\frac{1}{2}} \arcsin x\,\mathrm{d}x = x\arcsin x\Big|_0^{\frac{1}{2}} - \int_0^{\frac{1}{2}} x\,\mathrm{d}\arcsin x = \frac{\pi}{12} - \int_0^{\frac{1}{2}} \frac{x}{\sqrt{1-x^2}}\,\mathrm{d}x$

$$= \frac{\pi}{12} + \frac{1}{2}\int_0^{\frac{1}{2}} \frac{1}{\sqrt{1-x^2}}\,\mathrm{d}(1-x^2) = \frac{\pi}{12} + \sqrt{1-x^2}\Big|_0^{\frac{1}{2}}$$

$$= \frac{\pi}{12} + \frac{\sqrt{3}}{2} - 1.$$

*例 7 计算 $\int_1^e x^2 \ln x \, dx$.

解 $\int_1^e x^2 \ln x \, dx = \frac{1}{3}\int_1^e \ln x \, d(x^3) = \frac{1}{3}\left(x^3 \ln x \Big|_1^e - \int_1^e x^2 \, dx\right)$

$= \frac{1}{3}\left(e^3 - \frac{1}{3}x^3 \Big|_1^e\right) = \frac{1}{9}(2e^3 + 1).$

5.3.4 微积分基本定理

设 $f(x)$ 在 $[a,b]$ 上可积,根据定积分的基本性质,对任何 $x \in [a,b]$,$f(x)$ 在 $[a,x]$ 上也可积. 于是,由

$$\Phi(x) = \int_a^x f(t) \, dt, \ x \in [a,b] \qquad ①$$

定义了一个以积分上限 x 为自变量的函数,称为变上限的定积分.

定理 4(原函数存在定理) 若 $f(x)$ 在 $[a,b]$ 上连续,则由①式所定义的函数 Φ 在 $[a,b]$ 上处处可导,且

$$\Phi'(x) = \frac{d}{dx}\int_a^x f(t) \, dt = f(x), \ x \in [a,b].$$

注 $F(x)$ 是 $f(x)$ 在区间 I 上的一个原函数,则 $F(x)+C$ 也是 $f(x)$ 在 I 上的原函数,其中 C 为任意常量函数.

*例 8 求函数 $f(x) = \int_0^{\sin x} \ln(1+t) \, dt$ 的导数.

解 $f'(x) = \ln(1+\sin x) \cdot (\sin x)' = \cos x \cdot \ln(1+\sin x).$

5.3.5 广义积分

前面所讨论的定积分都是在积分区间为有限区间和被积函数在积分区间有界的条件下进行的,这种积分叫**常义积分**. 但在实际问题中常常会遇到积分区间为无限区间,或被积函数在有限的积分区间上为无界函数的积分问题,这两种积分都称为**广义积分**(或**反常积分**). 下面介绍积分区间为无穷的广义积分的概念及计算方法.

定义 1 设函数 $f(x)$ 在区间 $[a, +\infty)$ 内连续,取 $b > a$,如果极限

$$\lim_{b \to +\infty} \int_a^b f(x) \, dx$$

存在,则称该极限值为 $f(x)$ 在 $[a, +\infty)$ 上的**广义积分**,记为

$$\int_a^{+\infty} f(x)\mathrm{d}x = \lim_{b \to +\infty}\int_a^b f(x)\mathrm{d}x.$$

若上述极限 $\lim\limits_{b \to +\infty}\int_a^b f(x)\mathrm{d}x$ 存在,则称广义积分 $\int_a^{+\infty} f(x)\mathrm{d}x$ **收敛**;若上述极限不存在,则称广义积分 $\int_a^{+\infty} f(x)\mathrm{d}x$ **发散**.

类似地,可以定义广义积分

$$\int_{-\infty}^b f(x)\mathrm{d}x = \lim_{a \to -\infty}\int_a^b f(x)\mathrm{d}x$$

和

$$\int_{-\infty}^{+\infty} f(x)\mathrm{d}x = \int_{-\infty}^c f(x)\mathrm{d}x + \int_c^{+\infty} f(x)\mathrm{d}x,\ c \in (-\infty,+\infty).$$

按定义可知,广义积分是常义积分的极限,因此广义积分的计算就是先计算常义积分,再取极限.

例 9 求下列积分:

(1) $\int_0^{+\infty} \dfrac{\mathrm{d}x}{1+x^2}$;   (2) $\int_a^{+\infty} \dfrac{1}{x^2}\mathrm{d}x \quad (a>0)$;

(3) $\int_{-\infty}^{+\infty} \dfrac{1}{1+x^2}\mathrm{d}x$.

解 (1) $\int_0^{+\infty} \dfrac{\mathrm{d}x}{1+x^2} = \lim\limits_{b \to +\infty}\int_0^b \dfrac{1}{1+x^2}\mathrm{d}x = \lim\limits_{b \to +\infty} \arctan x \Big|_0^b$

$$= \lim_{b \to +\infty}(\arctan b - \arctan 0) = \dfrac{\pi}{2}.$$

(2) $\int_a^{+\infty} \dfrac{1}{x^2}\mathrm{d}x = \lim\limits_{b \to +\infty}\int_a^b \dfrac{1}{x^2}\mathrm{d}x = \lim\limits_{b \to +\infty}\left(-\dfrac{1}{x}\right)\Big|_a^b = \lim\limits_{b \to +\infty}\left(\dfrac{1}{a} - \dfrac{1}{b}\right) = \dfrac{1}{a}.$

(3) **方法 1** 因被积函数 $f(x) = \dfrac{1}{1+x^2}$ 在 $(-\infty,+\infty)$ 为偶函数,故

$$\int_{-\infty}^{+\infty} \dfrac{1}{1+x^2}\mathrm{d}x = 2\int_0^{+\infty} \dfrac{1}{1+x^2}\mathrm{d}x.$$

再利用(1)的结果,有

$$\int_{-\infty}^{+\infty} \dfrac{1}{1+x^2}\mathrm{d}x = 2 \times \dfrac{\pi}{2} = \pi.$$

方法 2 $\int_{-\infty}^{+\infty} \dfrac{1}{1+x^2}\mathrm{d}x = \int_{-\infty}^0 \dfrac{1}{1+x^2}\mathrm{d}x + \int_0^{+\infty} \dfrac{1}{1+x^2}\mathrm{d}x$

$$= \lim_{a \to -\infty}\int_a^0 \dfrac{1}{1+x^2}\mathrm{d}x + \lim_{b \to +\infty}\int_0^b \dfrac{1}{1+x^2}\mathrm{d}x$$

$$= \lim_{a \to -\infty} \arctan x \Big|_a^0 + \lim_{b \to +\infty} \arctan x \Big|_0^b$$
$$= \lim_{a \to -\infty}(-\arctan a) + \lim_{b \to +\infty} \arctan b$$
$$= -\left(-\frac{\pi}{2}\right) + \frac{\pi}{2} = \pi.$$

例 10 讨论 $\int_1^{+\infty} \frac{1}{x^p} \mathrm{d}x$ (p 为常数) 的敛散性.

解 (1) 当 $p \neq 1$ 时,有

$$\int_1^{+\infty} \frac{1}{x^p} \mathrm{d}x = \lim_{b \to +\infty} \int_1^b \frac{1}{x^p} \mathrm{d}x = \lim_{b \to +\infty} \left(\frac{x^{1-p}}{1-p}\right)\Big|_1^b = \begin{cases} \frac{1}{p-1}, & p > 1, \\ +\infty, & p < 1. \end{cases}$$

(2) 当 $p = 1$ 时,有

$$\int_1^{+\infty} \frac{1}{x} \mathrm{d}x = \lim_{b \to +\infty} \int_1^b \frac{1}{x} \mathrm{d}x = \lim_{b \to +\infty} \ln x \Big|_1^b = +\infty.$$

综上所述,广义积分 $\int_1^{+\infty} \frac{1}{x^p} \mathrm{d}x$,当 $p > 1$ 时收敛,当 $p \leqslant 1$ 时发散.

如果被积函数有无穷间断点,即被积函数是积分区间上的无界函数,也可以采用取极限的方法,确定该积分是收敛或发散.

练习与思考 5-3

1. 计算下列定积分:

(1) $\int_0^1 (1 - 2x + x^3) \mathrm{d}x$;　　(2) $\int_1^2 \frac{2}{\sqrt{x}} \mathrm{d}x$;　　(3) $\int_0^\pi \sin^2 x \, \mathrm{d}x$.

2. 讨论 $\int_1^{+\infty} \frac{1}{x^3} \mathrm{d}x$ 的敛散性;若收敛,写出积分值.

§5.4　定积分的应用

5.4.1　微元分析法——积分思想的再认识

我们讨论求曲边梯形面积的问题时是按"分割,近似,求和,取极限"这 4 个步骤导出所求量的积分表达式.现在我们来学习"微元法".

在上述 4 个步骤中,关键的是第二步:确定 Δs_i 的近似值,再求和取极限来求得 S 的精确值.

为方便起见,我们省略下标 i,用 Δs 表示任一个小区间 $[x, x + \mathrm{d}x]$ 上窄曲边

梯形的面积,这样整个面积为所有窄曲边梯形面积之和,即

$$S = \sum \Delta S.$$

取$[x, x+\mathrm{d}x]$的左端点x处的函数值$f(x)$为高,$\mathrm{d}x$为底的矩形的面积$f(x)\mathrm{d}x$为ΔS的近似值,如图 5-4-1 中的阴影部分,即

$$\Delta S \approx f(x)\mathrm{d}x.$$

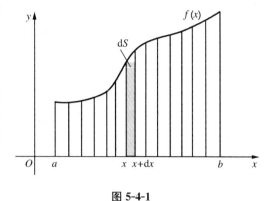

图 5-4-1

上式右端$f(x)\mathrm{d}x$叫作**面积微元**,记为$\mathrm{d}S = f(x)\mathrm{d}x$,于是

$$S \approx \sum \mathrm{d}S = \sum f(x)\mathrm{d}x,$$

而

$$S = \lim \sum f(x)\mathrm{d}x = \int_a^b f(x)\mathrm{d}x.$$

上述这种求定积分的方法叫做微元分析法.

一般地,若所求总量F与变量x的变化区间$[a,b]$有关,且关于区间$[a,b]$具有可加性,在$[a,b]$中的任意一个小区间$[x,x+\mathrm{d}x]$上找出所求量的部分量的近似值$\mathrm{d}F = f(x)\mathrm{d}x$,然后以它作为被积表达式,而得到所求总量的积分表达式

$$F = \int_a^b f(x)\mathrm{d}x.$$

这种方法叫做**微元分析法**,$\mathrm{d}F = f(x)\mathrm{d}x$称为所求总量$F$的**微元**.

用微元分析法求实际问题整体量F的一般步骤是:

(1) 确定积分变量(假设为x),确定积分区间$[a,b]$;

(2) 在$[a,b]$上任取一小区间$[x, x+\mathrm{d}x]$,求出该区间上所求整体量F的微元

$$\mathrm{d}F = f(x)\mathrm{d}x;$$

(3) 以$\mathrm{d}F = f(x)\mathrm{d}x$为被积表达式,在$[a,b]$上求定积分,即得所求整体量

$$F = \int_a^b f(x)\mathrm{d}x.$$

微元分析法是很有用的变量分析方法,不仅可以用于求平面图形的面积、旋转体体积,而且在经济工程等诸多领域都有着广泛的应用.

5.4.2 定积分在几何上的应用

1. 平面图形的面积

由定积分的几何意义知,曲线 $y=f(x)$ 与 x 轴在 $[a,b]$ 上所围成的曲边梯形的面积可以用定积分表示.下面讨论更复杂的平面图形面积.

例1 求由两条抛物线 $y=x^2$,$y^2=x$ 围成的图形的面积.

解 如图 5-4-2 所示,解方程组

$$\begin{cases} y=x^2, \\ y^2=x \end{cases}$$

得两抛物线的交点为 $(0,0)$ 及 $(1,1)$,从而可知图形在直线 $x=0$ 及 $x=1$ 之间.

取积分变量为 x,积分区间为 $[0,1]$,在 $[0,1]$ 上任取一个小区间 $[x,x+\mathrm{d}x]$ 构成的窄曲边梯形的面积近似于高为 $\sqrt{x}-x^2$,底为 $\mathrm{d}x$ 的窄矩形的面积,从而得到面积微元为

$$\mathrm{d}S=(\sqrt{x}-x^2)\mathrm{d}x,$$

于是所要求的面积为

$$S=\int_0^1(\sqrt{x}-x^2)\mathrm{d}x=\left(\frac{2}{3}x^{\frac{3}{2}}-\frac{x^3}{3}\right)\bigg|_0^1=\frac{2}{3}-\frac{1}{3}=\frac{1}{3}.$$

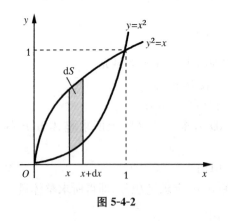

图 5-4-2

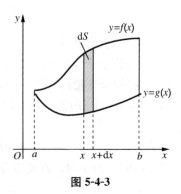

图 5-4-3

一般地,设函数 $f(x)$,$g(x)$ 在区间 $[a,b]$ 上连续,并且在 $[a,b]$ 上有

$$0 \leqslant g(x) \leqslant f(x),$$

则曲线 $f(x),g(x)$ 与直线 $x=a,x=b$ 所围成的图形面积 S 应该是两个曲边梯形面积的差,如图 5-4-3 所示,得

$$S=\int_a^b[f(x)-g(x)]\mathrm{d}x.$$

例 2 求由抛物线 $y^2=x$ 与直线 $y=x-2$ 所围成的图形的面积.

解 如图 5-4-4 所示,解方程组

$$\begin{cases} y^2=x, \\ y=x-2, \end{cases}$$

得抛物线与直线的交点为 $(4,2)$ 和 $(1,-1)$.

取积分变量为 y,积分区间为 $[-1,2]$,在区间 $[-1,2]$ 上任取一个小区间 $[y,y+\mathrm{d}y]$,对应的窄曲边梯形的面积近似等于长为 $(y+2)-y^2$,宽为 $\mathrm{d}y$ 的小矩形的面积,从而得到面积微元为

$$\mathrm{d}S=[(y+2)-y^2]\mathrm{d}y,$$

于是所要求的面积为

$$S=\int_{-1}^2(y+2-y^2)\mathrm{d}y=\left(\frac{1}{2}y^2+2y-\frac{1}{3}y^3\right)\bigg|_{-1}^2=\frac{9}{2}.$$

一般地,如图 5-4-5 所示,由 $[c,d]$ 上的连续曲线 $x=\varphi(y),x=\psi(y)$ ($\varphi(y)\geqslant\psi(y)$) 与直线 $y=c,y=d$ 所围成的平面图形的面积为

$$S=\int_c^d[\varphi(y)-\psi(y)]\mathrm{d}y.$$

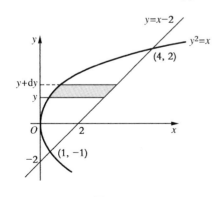

图 5-4-4

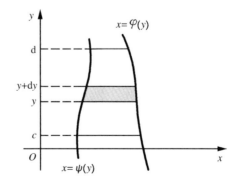

图 5-4-5

注 求平面图形面积时,可参考图 5-4-3、图 5-4-5 选择合适的积分变量. 例如,例 1 也可选 y 为积分变量;例 2 若将 x 作为积分变量,需将图形分块.

2. 旋转体的体积

由一个平面图形绕这个平面上一条直线旋转一周而成的空间图形称为**旋转体**. 这条直线叫做**旋转轴**.

如图 5-4-6 所示,取旋转轴为 x 轴,则旋转体可以看作是由曲线 $y=f(x)$,直线 $x=a$, $x=b$ 及 x 轴所围成的曲边梯形绕 x 轴旋转一周而成的图形,现在用定积分微元分析法来计算这种旋转体的体积.

取横坐标 x 为积分变量,它的积分区间为 $[a,b]$,在 $[a,b]$ 上任取一小区间 $[x, x+\mathrm{d}x]$ 的窄曲边梯形,绕 x 轴旋转而成的薄片的体积近似等于以 $f(x)$ 为底面半径、$\mathrm{d}x$ 为高的圆柱体的体积,即体积微元

$$\mathrm{d}V = \pi [f(x)]^2 \mathrm{d}x,$$

从 a 到 b 积分,得到旋转体的体积为

$$V_x = \int_a^b \pi [f(x)]^2 \mathrm{d}x = \pi \int_a^b y^2 \mathrm{d}x.$$

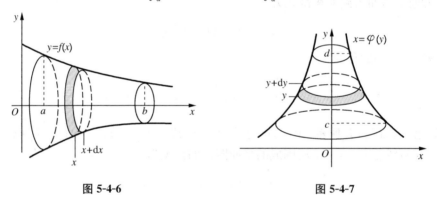

图 5-4-6　　　　　　　图 5-4-7

由同样方法可以推得:由曲线 $x=\varphi(y)$,直线 $y=c$, $y=d$ ($c<d$) 与 y 轴所围成的曲边梯形,如图 5-4-7 所示,绕 y 轴旋转一周而成的旋转体的体积为

$$V_y = \pi \int_c^d [\varphi(y)]^2 \mathrm{d}y = \pi \int_c^d x^2 \mathrm{d}y.$$

例 3　求由直线 $x+y=4$ 与曲线 $xy=3$ 所围成的平面图形绕 x 轴旋转一周而生成的旋转体的体积.

解　图 5-4-8 中阴影部分绕 x 轴旋转而成的旋转体,应该是两个旋转体的体积之差. 由于直线 $y=4-x$ 与曲线 $y=\dfrac{3}{x}$ 的交点为 $(1,3)$ 和 $(3,1)$,所以 x 的积分区间为 $[1,3]$. 按绕 x 轴旋转所得体积公式,可得所求旋转体的体积为

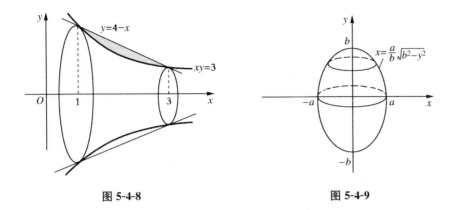

图 5-4-8　　　　　　　　图 5-4-9

$$V_x = \pi \int_1^3 (4-x)^2 \mathrm{d}x - \pi \int_1^3 \left(\frac{3}{x}\right)^2 \mathrm{d}x = \pi \left[-\frac{(4-x)^3}{3}\right]\Big|_1^3 + \pi\left(\frac{9}{x}\right)\Big|_1^3 = \frac{8\pi}{3}.$$

例 4　计算由椭圆

$$\frac{x^2}{a^2}+\frac{y^2}{b^2}=1$$

所围成的图形绕 y 轴旋转而成的旋转椭球体的体积(图 5-4-9).

解　如图 5-4-9 所示,这个旋转椭球体是由曲线 $x=\dfrac{a}{b}\sqrt{b^2-y^2}$ 及 y 轴围成的图形绕 y 轴旋转而成. 积分变量为 y,积分区间为 $[-b,b]$.

按绕 y 轴旋转所得体积公式,可得此旋转椭球体的体积为

$$V_y = \pi \int_{-b}^{b} \frac{a^2}{b^2}(b^2-y^2)\mathrm{d}y = \pi\frac{a^2}{b^2}\left(b^2 y - \frac{y^3}{3}\right)\Big|_{-b}^{b} = \frac{4\pi a^2 b}{3}.$$

5.4.3　定积分应用于经济

经济工作中也广泛存在总量求解的问题,可以用定积分求解.

当已知边际函数(即变化率),求某个范围内的总量时,常用定积分计算.

例 5　设某产品在时刻 t 的总产量的边际函数为

$$Q'(t)=100+12t \quad (\text{单位:h}).$$

求从 $t=2$ 到 $t=4$ 这两个小时的总产量.

解　因为 $Q(t)$ 是 $Q'(t)$ 的原函数,故所求总产量为

$$Q(4)-Q(2)=\int_2^4 Q'(t)\mathrm{d}t=\int_2^4(100+12t)\mathrm{d}t=(100t+6t^2)\Big|_2^4=272,$$

即所求的总产量为 272 单位.

例6 已知某产品的边际成本 $C'(x)=2$ 元/件,固定成本为 0,边际收入为 $R'(x)=20-0.02x$.

(1) 产量为多少时,利润最大?

(2) 在最大利润产量的基础上再生产 40 件,利润会发生什么变化?

解 (1) 由已知条件可知
$$L'(x)=R'(x)-C'(x)=18-0.02x.$$

令 $L'(x)=0$,解出唯一驻点为 $x=900$,又 $L''(x)=-0.02<0$,所以驻点 $x=900$ 为 $L(x)$ 的最大值点,即当产量为 900 件时,可获最大利润.

(2) 当产量由 900 件增至 940 件时,利润的改变量为
$$\Delta L = L(940)-L(900)=\int_{900}^{940} L'(x)\mathrm{d}x$$
$$=\int_{900}^{940}(18-0.02x)\mathrm{d}x=(18x-0.01x^2)\Big|_{900}^{940}=-16(元),$$

此时利润将减少 16 元.

5.4.4 定积分应用于工程技术

在工程技术领域,同样包含定积分的广泛应用.

***例7** 计算纯电阻电路中正弦交流电 $I=I_m\sin\omega t$ 在一个周期内功率的平均值.

解 设电阻为 R,电路中 R 两端的电压和功率分别为
$$U=RI=RI_m\sin\omega t.$$
$$P=UI=RI_m^2\sin^2\omega t.$$

上式中,R,I_m 和 ω 为常量.因为交流电 $i=I_m\sin\omega t$ 的周期为 $\dfrac{2\pi}{\omega}$,所以在 $\left[0,\dfrac{2\pi}{\omega}\right]$ 一个周期,P 的平均值为

$$\overline{P}=\dfrac{1}{\dfrac{2\pi}{\omega}-0}\int_0^{\frac{2\pi}{\omega}}RI_m^2\sin^2\omega t\,\mathrm{d}t=\dfrac{\omega RI_m^2}{2\pi}\int_0^{\frac{2\pi}{\omega}}\left(\dfrac{1-\cos 2\omega t}{2}\right)\mathrm{d}t$$

$$=\dfrac{\omega RI_m^2}{4\pi}\left[t-\dfrac{1}{2\omega}\sin 2\omega t\right]\Big|_0^{\frac{2\pi}{\omega}}=\dfrac{\omega RI_m^2}{4}\left[t-\dfrac{1}{2\omega}\sin 2\omega t\right]\Big|_0^{\frac{2\pi}{w}}$$

$$=\dfrac{\omega RI_m^2 \cdot \dfrac{2\pi}{\omega}}{4\pi}=\dfrac{RI_m^2}{2}=\dfrac{I_mU_m}{2}.$$

式中,$U_m=I_mR$.

*例 8 在弹性限度内,螺旋弹簧受压时,长度的改变与所受外力成正比.已知弹簧被压缩 2 cm 时需 9.8 N.试求当弹簧被压缩 3 cm 时压力所做的功.

解 设压力 $F=f(x)$ 时弹簧压缩了 x cm,则 $F=f(x)=kx$ (k 为比例系数).将 $x=2$ cm 时,$f(x)=9.8$ N 代入,得 $9.8=0.02k$, $k=490$. 所以变力
$$F=f(x)=490x.$$

(1) 取积分变量为 x,积分区间为 $[0, 0.03]$.

(2) 在 $[0, 0.03]$ 上任取一小区间 $[x, x+\mathrm{d}x]$,与它对应的变力所做的功为
$$\mathrm{d}W = f(x)\mathrm{d}x = 490x\,\mathrm{d}x.$$

(3) 在 $[0, 0.03]$ 上积分,得到所求的功为
$$W = \int_0^{0.03} 490x\,\mathrm{d}x = 490\left[\frac{x^2}{2}\right]\Big|_0^{0.03} = 0.2205(\text{J}).$$

练习与思考 5-4

1. 计算下列各图形中阴影部分的面积:

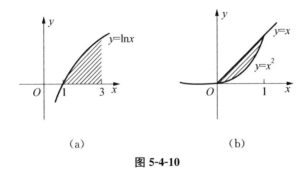

(a)   (b)

图 5-4-10

2. 求由下列曲线围成的图形面积:
   (1) $y = \sqrt{x}$, $y = x$;   (2) $y = x-1$, $y = x^2 - 1$.
3. 计算 $y = \sqrt{x}$, $y = 0$, $x = 2$ 图形分别绕 x 轴、y 轴旋转所得的旋转体的体积.

本 章 小 结

一、基本思想

定积分中"分割、近似、求和、取极限"的微元分析法是处理整体量最常用的方法.

定积分是一个和式极限,代表一个确定的数. 它的值只与有界的被积函数和有限积分区间有关,与积分变量无关. 对于被积函数无界或积分区间无限的广义积分,同样是用极限定义的.

不定积分是由求导数(或微分)的逆运算引入. 它是原函数的全体,代表一族函数. 虽然"不定"积分与"定"积分只是一字之差,却是两个截然不同的概念,且又通过牛顿-莱布尼兹公式联系起来,从而可以借助不定积分(或原函数)求出定积分的值.

二、主要内容

1. 积分的概念

(1) 定积分 $\int_a^b f(x)dx$ 为一个常数,它与被积函数 $f(x)$、积分区间 $[a,b]$ 有关,与积分变量 x 无关.

(2) 当 $f(x) \geqslant 0$ 时,定积分 $\int_a^b f(x)dx$ 在几何上表示由曲线 $y=f(x)$、直线 $x=a$,$x=b$ 与 x 轴所围的曲边梯形面积.

(3) 积分上限函数 $\int_a^x f(t)dt$ 表示 $f(x)$ 的某一个确定的原函数,且 $\left(\int_a^x f(t)dt\right)' = f(x)$.

(4) 牛顿-莱布尼兹公式:设 $f(x)$ 在 $[a,b]$ 上连续,且 $F'(x)=f(x)$,则

$$\int_a^b f(x)dx = F(x)\Big|_a^b = F(b) - F(a),$$

它揭示了定积分与原函数之间的内在联系,为计算定积分提供了有效途径.

2. 积分的计算

不定积分与定积分都要求原函数,所以其积分方法也相似.

(1) 基本性质.

(2) 基本积分表. 基本积分公式共有 20 个,它们是积分计算的基础. 应用积分形式不变性,可将基本积分公式 $\int f(x)dx = F(x)+C$ 推广到 $\int f(u)du = F(u)+C$,其中 u 是 x 的可微函数.

(3) 基本积分法.

(a) 第一类换元法(凑微分法),常见的凑微分形式如下:

$$\int f(ax+b)dx = \frac{1}{a}\int f(ax+b)d(ax+b);$$

$$\int f(\sqrt{x})\frac{1}{\sqrt{x}}dx = 2\int f(\sqrt{x})d\sqrt{x};$$

$$\int f\left(\frac{1}{x}\right)\frac{dx}{x^2} = -\int f\left(\frac{1}{x}\right)d\left(\frac{1}{x}\right);$$

$$\int f(e^x)e^x dx = \int f(e^x)d(e^x);$$

$$\int f(\ln x)\frac{dx}{x} = \int f(\ln x)d\ln x;$$

$$\int f(\sin x)\cos x\,dx = \int f(\sin x)\,d\sin x;$$

$$\int f(\cos x)\sin x\,dx = -\int f(\cos x)\,d\cos x;$$

$$\int f(\tan x)\frac{dx}{\cos^2 x} = \int f(\tan x)\,d\tan x;$$

$$\int \frac{f(\arcsin x)}{\sqrt{1-x^2}}dx = \int f(\arcsin x)\,d\arcsin x;$$

$$\int \frac{f(\arctan x)}{1+x^2} = \int f(\arctan x)\,d\arctan x.$$

(b) 第二类换元法，常见的换元形式如下：

$\int f(\sqrt[n]{ax+b})\,dx$，令 $\sqrt[n]{ax+b} = t$；

$\int f(\sqrt{a^2-x^2})\,dx$，令 $x = a\sin t$；

$\int f(\sqrt{x^2+a^2})\,dx$，令 $x = a\tan t$；

$\int f(\sqrt{x^2-a^2})\,dx$，令 $x = a\sec t$.

(c) 分部积分法.

$$\int_a^b u\,dv = uv\Big|_a^b - \int_a^b v\,du.$$

分部积分法常用于两类不同函数乘积的积分，选 u 准则可参考"反"、"对"、"幂"、"指"、"三"的次序.

3. 定积分的应用

(1) 求曲边梯形的面积：

$$S = \int_a^b [f(x) - g(x)]\,dx.$$

(2) 求旋转体的体积：

$$V = \pi \int_a^b [f(x)]^2\,dx.$$

附录一　常用数学公式

一、乘法及因式分解公式

(1) $(x+a)(x+b)=x^2+(a+b)x+ab$；

(2) $(a\pm b)^2=a^2\pm 2ab+b^2$；

(3) $(a\pm b)^3=a^3\pm 3a^2b+3ab^2\pm b^3$；

(4) $(a+b+c)^2=a^2+b^2+c^2+2ab+2bc+2ac$；

(5) $a^2-b^2=(a-b)(a+b)$；

(6) $a^3\pm b^3=(a\pm b)(a^2\mp ab+b^2)$；

(7) $a^n-b^n=(a-b)(a^{n-1}+a^{n-2}b+a^{n-3}b^2+\cdots+b^{n-1})$（$n$ 为正整数）；

(8) $a^n-b^n=(a+b)(a^{n-1}-a^{n-2}b+a^{n-3}b^2-\cdots+ab^{n-2}-b^{n-1})$（$n$ 为偶数）；

(9) $a^n+b^n=(a+b)(a^{n-1}-a^{n-2}b+a^{n-3}b^2-\cdots-ab^{n-2}+b^{n-1})$（$n$ 为奇数）.

二、三角函数公式

1. 诱导公式

函数 角 A	sin	cos	tan	cot
$-\alpha$	$-\sin\alpha$	$\cos\alpha$	$-\tan\alpha$	$-\cot\alpha$
$90°-\alpha$	$\cos\alpha$	$\sin\alpha$	$\cot\alpha$	$\tan\alpha$
$90°+\alpha$	$\cos\alpha$	$-\sin\alpha$	$-\cot\alpha$	$-\tan\alpha$
$180°-\alpha$	$\sin\alpha$	$-\cos\alpha$	$-\tan\alpha$	$-\cot\alpha$
$180°+\alpha$	$-\sin\alpha$	$-\cos\alpha$	$\tan\alpha$	$\cot\alpha$
$270°-\alpha$	$-\cos\alpha$	$-\sin\alpha$	$\cot\alpha$	$\tan\alpha$
$270°+\alpha$	$-\cos\alpha$	$\sin\alpha$	$-\cot\alpha$	$-\tan\alpha$
$360°-\alpha$	$-\sin\alpha$	$\cos\alpha$	$-\tan\alpha$	$-\cot\alpha$
$360°+\alpha$	$\sin\alpha$	$\cos\alpha$	$\tan\alpha$	$\cot\alpha$

2. 同角三角函数公式

$\sin^2 x+\cos^2 x=1$；　　　　　　　　　　$1+\tan^2 x=\sec^2 x$；

$1+\cot^2 x=\csc^2 x$；

$\tan x=\dfrac{\sin x}{\cos x}$；　　　　　　　　　　$\cot x=\dfrac{\cos x}{\sin x}$；

$$\sec x = \frac{1}{\cos x};\qquad\qquad\qquad\csc x = \frac{1}{\sin x}.$$

3. 和差角公式　　　　　　　　　和差化积公式

$$\sin(\alpha \pm \beta) = \sin\alpha\cos\beta \pm \cos\alpha\sin\beta;\qquad \sin\alpha + \sin\beta = 2\sin\frac{\alpha+\beta}{2}\cos\frac{\alpha-\beta}{2};$$

$$\cos(\alpha \pm \beta) = \cos\alpha\cos\beta \mp \sin\alpha\sin\beta;\qquad \sin\alpha - \sin\beta = 2\cos\frac{\alpha+\beta}{2}\sin\frac{\alpha-\beta}{2};$$

$$\tan(\alpha \pm \beta) = \frac{\tan\alpha \pm \tan\beta}{1 \mp \tan\alpha \cdot \tan\beta};\qquad \cos\alpha + \cos\beta = 2\cos\frac{\alpha+\beta}{2}\cos\frac{\alpha-\beta}{2};$$

$$\cot(\alpha \pm \beta) = \frac{\cot\alpha \cdot \cot\beta \mp 1}{\cot\beta \pm \cot\alpha};\qquad \cos\alpha - \cos\beta = -2\sin\frac{\alpha+\beta}{2}\sin\frac{\alpha-\beta}{2}.$$

4. 积化和差公式

$$\sin x\cos y = \frac{1}{2}[\sin(x+y) + \sin(x-y)];$$

$$\cos x\sin y = \frac{1}{2}[\sin(x+y) - \sin(x-y)];$$

$$\cos x\cos y = \frac{1}{2}[\cos(x+y) + \cos(x-y)];$$

$$\sin x\sin y = -\frac{1}{2}[\cos(x+y) - \cos(x-y)].$$

5. 倍角公式

$$\sin 2\alpha = 2\sin\alpha\cos\alpha;\qquad\qquad \cos 2\alpha = 2\cos^2\alpha - 1 = 1 - 2\sin^2\alpha = \cos^2\alpha - \sin^2\alpha;$$

$$\sin 3\alpha = 3\sin\alpha - 4\sin^3\alpha;\qquad\qquad \cos 3\alpha = 4\cos^3\alpha - 3\cos\alpha;$$

$$\tan 2\alpha = \frac{2\tan\alpha}{1 - \tan^2\alpha};\qquad\qquad \tan 3\alpha = \frac{3\tan\alpha - \tan^3\alpha}{1 - 3\tan^2\alpha};$$

$$\cot 2\alpha = \frac{\cot^2\alpha - 1}{2\cot\alpha}.$$

6. 半角公式

$$\sin\frac{\alpha}{2} = \pm\sqrt{\frac{1-\cos\alpha}{2}};\qquad\qquad \cos\frac{\alpha}{2} = \pm\sqrt{\frac{1+\cos\alpha}{2}};$$

$$\tan\frac{\alpha}{2} = \pm\sqrt{\frac{1-\cos\alpha}{1+\cos\alpha}} = \frac{1-\cos\alpha}{\sin\alpha} = \frac{\sin\alpha}{1+\cos\alpha};$$

$$\cot\frac{\alpha}{2} = \pm\sqrt{\frac{1+\cos\alpha}{1-\cos\alpha}} = \frac{1+\cos\alpha}{\sin\alpha} = \frac{\sin\alpha}{1-\cos\alpha}.$$

7. 正弦定理

$$\frac{a}{\sin A} = \frac{b}{\sin B} = \frac{c}{\sin C} = 2R.$$

8. 余弦定理

$$c^2 = a^2 + b^2 - 2ab\cos C.$$

9. 反三角函数性质

$$\arcsin x = \frac{\pi}{2} - \arccos x; \qquad \arctan x = \frac{\pi}{2} - \operatorname{arccot} x.$$

10. 常见三角不等式

    (1) 若 $x \in \left(0, \frac{\pi}{2}\right)$，则 $\sin x < x < \tan x$；

    (2) 若 $x \in \left(0, \frac{\pi}{2}\right)$，则 $1 < \sin x + \cos x \leqslant \sqrt{2}$；

    (3) $|\sin x| + |\cos x| \geqslant 1$.

三、绝对不等式与绝对值不等式

(1) $\dfrac{a+b}{2} \geqslant \sqrt{ab}$； (2) $\dfrac{a+b+c}{3} \geqslant \sqrt[3]{abc}$；

(3) $\dfrac{a_1 + a_2 + \cdots + a_n}{n} \geqslant \sqrt[n]{a_1 a_2 \cdots a_n}$； (4) $|A+B| \leqslant |A| + |B|$；

(5) $|A-B| \leqslant |A| + |B|$； (6) $|A-B| \geqslant |A| - |B|$；

(7) $-|A| \leqslant A \leqslant |A|$； (8) $\sqrt{A^2} = |A|$；

(9) $|AB| = |A||B|$； (10) $\left|\dfrac{A}{B}\right| = \dfrac{|A|}{|B|}$.

四、指数与对数公式

1. 有理指数幂的运算性质

    (1) $a^r \cdot a^s = a^{r+s}\ (a > 0, r, s \in \mathbf{R})$； (2) $(a^r)^s = a^{rs}\ (a > 0, r, s \in \mathbf{R})$；

    (3) $(ab)^r = a^r b^r\ (a > 0, b > 0, r \in \mathbf{R})$.

2. 根式的性质

    (1) $(\sqrt[n]{a})^n = a$；

    (2) 当 n 为奇数时，$\sqrt[n]{a^n} = a$；

    当 n 为偶数时，$\sqrt[n]{a^n} = |a| = \begin{cases} a, & a \geqslant 0, \\ -a, & a < 0; \end{cases}$

    (3) $a^{\frac{m}{n}} = \sqrt[n]{a^m}\ (a > 0, m, n \in \mathbf{N}^*, 且\ n > 1)$；

    (4) $a^{-\frac{m}{n}} = \dfrac{1}{a^{\frac{m}{n}}}\ (a > 0, m, n \in \mathbf{N}^*, 且\ n > 1)$.

3. 指数式与对数式的互化

    $\log_a N = b \Leftrightarrow a^b = N\ (a > 0, a \neq 1, N > 0)$.

4. 对数的换底公式及推论

    $\log_a N = \dfrac{\log_m N}{\log_m a}\ (a > 0, 且\ a \neq 1, m > 0, 且\ m \neq 1, N > 0)$；

    $\log_{a^m} b^n = \dfrac{n}{m} \log_a b\ (a > 0, 且\ a > 1, m, n > 0, 且\ m \neq 1, n \neq 1, N > 0)$.

5. 对数的四则运算法则

若 $a>0, a\neq 1, M>0, N>0$,则

(1) $\log_a(MN)=\log_a M+\lg_a N$;

(2) $\log_a \dfrac{M}{N}=\log_a M-\log_a N$;

(3) $\log_a M^n=n\log_a M\ (n\in \mathbf{R})$.

五、有关数列的公式

1. 数列的通项公式与前 n 项的和的关系

$$a_n=\begin{cases}s_1, & n=1,\\ s_n-s_{n-1}, & n\geqslant 2.\end{cases}$$

数列 $\{a_n\}$ 的前 n 项的和为 $s_n=a_1+a_2+\cdots+a_n$.

2. 等差数列的通项公式

$a_n=a_1+(n-1)d=dn+a_1-d\ (n\in \mathbf{N}^*)$.

3. 等差数列前 n 项和公式

$$s_n=\dfrac{n(a_1+a_n)}{2}=na_1+\dfrac{n(n-1)}{2}d=\dfrac{d}{2}n^2+\left(a_1-\dfrac{1}{2}d\right)n.$$

4. 等比数列的通项公式

$a_n=a_1 q^{n-1}=\dfrac{a_1}{q}\cdot q^n\ (n\in \mathbf{N}^*)$.

5. 等比数列前 n 项的和公式

$$s_n=\begin{cases}\dfrac{a_1(1-q^n)}{1-q}, & q\neq 1,\\ na_1, & q=1\end{cases} \quad 或\ s_n=\begin{cases}\dfrac{a_1-a_n q}{1-q}, & q\neq 1,\\ na_1, & q=1.\end{cases}$$

6. 常用数列前 n 项和

$1+2+3+\cdots+n=\dfrac{1}{2}n(n+1)$;

$1+3+5+\cdots+(2n-1)=n^2$;

$2+4+6+\cdots+2n=n(n+1)$;

$1^2+2^2+3^2+\cdots+n^2=\dfrac{1}{6}n(n+1)(2n+1)$;

$1^2+3^2+5^2+\cdots+(2n-1)^2=\dfrac{1}{3}n(4n^2-1)$;

$1^3+2^3+3^3+\cdots+n^3=\left[\dfrac{1}{2}n(n+1)\right]^2$;

$1^3+3^3+5^3+\cdots+(2n-1)^3=n(2n^2-1)$;

$1\cdot 2+2\cdot 3+3\cdot 4+\cdots+n(n+1)=\dfrac{1}{3}n(n+1)(n+2)$.

六、排列组合公式

1. 排列数公式

(1)选排列 $A_n^m=n(n-1)\cdots(n-m+1)=\dfrac{n!}{(n-m)!}\ (n,m\in \mathbf{N}^*,且\ m\leqslant n)$;

(2) 全排列 $A_n^n = n(n-1)\cdots 3\cdot 2\cdot 1 = n!$（注：规定 $0! = 1$）.

2. 组合数公式

$$C_n^m = \frac{A_n^m}{A_m^m} = \frac{n(n-1)\cdots(n-m+1)}{1\times 2\times\cdots\times m} = \frac{n!}{m!\cdot(n-m)!} \quad (n\in \mathbf{N}^*, m\in \mathbf{N}, 且 m\leqslant n).$$

3. 组合数的两个性质

(1) $C_n^m = C_n^{n-m}$；

(2) $C_n^m + C_n^{m-1} = C_{n+1}^m$（注：规定 $C_n^0 = 1$）.

七、初等几何公式

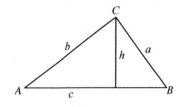

1. 任意三角形面积

   (1) $S = \dfrac{1}{2}ch$；

   (2) $S = \dfrac{1}{2}ab\sin C$；

   (3) $S = \sqrt{s(s-a)(s-b)(s-c)}$，其中 $s = \dfrac{1}{2}(a+b+c)$；

   (4) $S = \dfrac{c^2\sin A\sin B}{2\sin(A+B)}$.

2. 四边形面积

   (1) 矩形面积.

   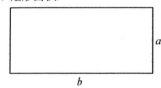

   $S = ab$.

   (2) 平行四边形面积.

   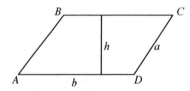

   $S = bh$,

   $S = ab\sin A$.

   (3) 梯形面积.

   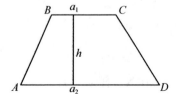

$$S=\frac{1}{2}(a_1+a_2)h=hL \quad (L \text{ 是中位线}).$$

(4) 任意四边形的面积.

$$S=\frac{1}{2}d_1 d_2 \sin\varphi (\text{其中}, d_1, d_2 \text{ 为两对角线长}, \varphi \text{ 为两对角线夹角}),$$

$$S=\sqrt{(s-a)(s-b)(s-c)(s-d)-abcd\cos^2\beta}$$

(其中, a,b,c,d 为四条边边长, $s=\frac{1}{2}(a+b+c+d)$, β 为两对角和的一半).

3. 有关圆的公式

圆的半径、直径分别为 R, D, 扇形圆心角为 θ(弧度).

(1) 圆面积 $S=\pi R^2=\frac{1}{4}\pi D^2$;   (2) 圆周长 $C=2\pi R=\pi D$;

(3) 圆弧长 $l=R\theta$;   (4) 圆扇形面积 $S=\frac{1}{2}Rl=\frac{1}{2}R^2\theta$.

4. 有关旋转体的公式

(1) 圆柱.

R 为圆柱底圆半径, H 为圆柱高.

体积 $V=\pi R^2 H$,

全面积 $S=2\pi R(R+H)$,

侧面积 $S=2\pi RH$.

(2) 圆锥.

R 为圆锥底圆半径, H 为圆锥的高.

体积 $V=\frac{1}{3}\pi R^2 H$,

全面积 $S=\pi R(R+l)(l=\sqrt{R^2+H^2}$ 为母线长),

侧面积 $S=\pi Rl$.

(3) 圆台.

R 为圆台下底圆半径, r 为圆台上底圆半径, H 为圆锥的高, $l=\sqrt{H^2+(R-r)^2}$.

体积 $V=\frac{1}{3}\pi H(R^2+Rr+r^2)$,

全面积 $S=\pi R(R+l)+\pi r(r+l)$,

侧面积 $S=\pi(R+r)l$.

(4) 球.

球的半径、直径分别为 R, D.

球的体积 $V=\frac{4}{3}\pi R^3=\frac{1}{6}\pi D^3$,

全面积 $S=4\pi R^2=\pi D^2$.

八、平面解析几何公式

1. 两点间距离与定比分点公式

   (1) 两点 $A(x_1,y_1)$, $B(x_2,y_2)$, 则 $|AB|=\sqrt{(x_2-x_1)^2+(y_2-y_1)^2}$;

   (2) 两点 $A(x_1,y_1)$, $B(x_2,y_2)$, 若 $M(x,y)$, 且 $\dfrac{AM}{MB}=\lambda$, 则
   $$x=\frac{x_1+\lambda x_2}{1+\lambda},\quad y=\frac{y_1+\lambda y_2}{1+\lambda}.$$
   特别地, 若 $M(x,y)$ 为 AB 中点, 则 $x=\dfrac{x_1+x_2}{2}$, $y=\dfrac{y_1+y_2}{2}$.

2. 有关直线的公式

   (1) 直线方程.

   ① 点斜式 $y-y_1=k(x-x_1)$（直线 l 过点 $P_1(x_1,y_1)$, 且斜率为 k）;

   ② 斜截式 $y=kx+b$（b 为直线 l 在 y 轴上的截距）;

   ③ 两点式 $\dfrac{y-y_1}{y_2-y_1}=\dfrac{x-x_1}{x_2-x_1}$ $(y_1\neq y_2)(P_1(x_1,y_1), P_2(x_2,y_2)(x_1\neq x_2))$;

   ④ 截距式 $\dfrac{x}{a}+\dfrac{y}{b}=1$ (a,b 分别为直线的横、纵截距, $a,b\neq 0$);

   ⑤ 一般式 $Ax+By+C=0$（其中 A,B 不同时为 0）.

   (2) 两条直线的平行和垂直.

   ① 若 $l_1:y=k_1x+b_1$, $l_2:y=k_2x+b_2$,
   $l_1//l_2\Leftrightarrow k_1=k_2, b_1\neq b_2$; $\qquad l_1\perp l_2\Leftrightarrow k_1k_2=-1$.

   ② 若 $l_1:A_1x+B_1y+C_1=0$, $l_2:A_2x+B_2y+C_2=0$, 且 A_1,A_2,B_1,B_2 都不为零.
   $l_1//l_2\Leftrightarrow \dfrac{A_1}{A_2}=\dfrac{B_1}{B_2}\neq\dfrac{C_1}{C_2}$; $\qquad l_1\perp l_2\Leftrightarrow A_1A_2+B_1B_2=0$.

   (3) 两直线的夹角公式.

   ① $\tan\alpha=\left|\dfrac{k_2-k_1}{1+k_2k_1}\right|$

   ($l_1:y=k_1x+b_1$, $l_2:y=k_2x+b_2, k_1k_2\neq -1$).

   ② $\tan\alpha=\left|\dfrac{A_1B_2-A_2B_1}{A_1A_2+B_1B_2}\right|$

   ($l_1:A_1x+B_1y+C_1=0$, $l_2:A_2x+B_2y+C_2=0, A_1A_2+B_1B_2\neq 0$).

   直线 $l_1\perp l_2$ 时, 直线 l_1 与 l_2 的夹角是 $\dfrac{\pi}{2}$.

   (4) 点到直线的距离.

   $d=\dfrac{|Ax_0+By_0+C|}{\sqrt{A^2+B^2}}$ （点 $P(x_0,y_0)$, 直线 $l:Ax+By+C=0$）.

3. 有关圆的公式

   (1) 圆的标准方程 $(x-a)^2+(y-b)^2=r^2$;

   (2) 圆的一般方程 $x^2+y^2+Dx+Ey+F=0(D^2+E^2-4F>0)$;

(3) 圆的参数方程 $\begin{cases} x = a + r\cos\theta, \\ y = b + r\sin\theta; \end{cases}$

(4) 圆的直径式方程 $(x - x_1)(x - x_2) + (y - y_1)(y - y_2) = 0$（圆的直径的端点是 $A(x_1, y_1), B(x_2, y_2)$）.

4. 有关椭圆的公式

(1) 椭圆 $\dfrac{x^2}{a^2} + \dfrac{y^2}{b^2} = 1 (a > b > 0)$ 的参数方程是 $\begin{cases} x = a\cos\theta, \\ y = b\sin\theta; \end{cases}$

(2) 椭圆 $\dfrac{x^2}{a^2} + \dfrac{y^2}{b^2} = 1 (a > b > 0)$ 长半轴 a、短半轴 b 与焦半径 c 关系公式 $a^2 = b^2 + c^2$，

离心率 $e = \dfrac{c}{a}$.

5. 有关双曲线的公式

(1) 双曲线 $\dfrac{x^2}{a^2} - \dfrac{y^2}{b^2} = 1 (a > 0, b > 0)$ 的实半轴 a、虚半轴 b 与焦半径 c 的公式 $c^2 = a^2 + b^2$，

离心率 $e = \dfrac{c}{a}$.

(2) 若双曲线方程为 $\dfrac{x^2}{a^2} - \dfrac{y^2}{b^2} = 1$，则渐近线方程为 $\dfrac{x^2}{a^2} - \dfrac{y^2}{b^2} = 0 \Leftrightarrow y = \pm \dfrac{b}{a} x$.

(3) 等轴双曲线 $\dfrac{x^2}{a^2} - \dfrac{y^2}{a^2} = 1 (a > 0)$，则渐近线方程为 $\dfrac{x^2}{a^2} - \dfrac{y^2}{a^2} = 0 \Leftrightarrow y = \pm x$.

6. 有关抛物线的公式

(1) 抛物线 $y^2 = \pm 2px (p > 0)$ 的焦点 $(\pm \dfrac{p}{2}, 0)$，准线 $x = \mp \dfrac{p}{2}$；

(2) 抛物线 $x^2 = \pm 2py (p > 0)$ 的焦点 $(0, \pm \dfrac{p}{2})$，准线 $y = \mp \dfrac{p}{2}$；

(3) 二次函数 $y = ax^2 + bx + c = a\left(x + \dfrac{b}{2a}\right)^2 + \dfrac{4ac - b^2}{4a} (a \neq 0)$ 的图像是抛物线，顶点坐标为 $\left(-\dfrac{b}{2a}, \dfrac{4ac - b^2}{4a}\right)$，焦点的坐标为 $\left(-\dfrac{b}{2a}, \dfrac{4ac - b^2 + 1}{4a}\right)$，准线方程是 $y = \dfrac{4ac - b^2 - 1}{4a}$.

附录二　常用积分表

1. $\int (f(x)+g(x))dx = \int f(x)dx + \int g(x)dx$
2. $\int (f(x)-g(x))dx = \int f(x)dx - \int g(x)dx$
3. $\int f(x)dg(x) = f(x)g(x) - \int g(x)df(x)$
4. $\int a^x dx = \dfrac{a^x}{\ln a} + C,\ a \neq 1,\ a > 0$
5. $\int x^n dx = \dfrac{x^{n+1}}{n+1} + C,\ n \neq -1$
6. $\int \dfrac{1}{x} dx = \ln|x| + C$
7. $\int e^x dx = e^x + C$
8. $\int \sin x\, dx = -\cos x + C$
9. $\int \cos x\, dx = \sin x + C$
10. $\int \sec^2 x\, dx = \tan x + C$
11. $\int \csc^2 x\, dx = -\cot x + C$
12. $\int \sec x \tan x\, dx = \sec x + C$
13. $\int \csc x \cot x\, dx = -\csc x + C$
14. $\int (ax+b)^n dx = \dfrac{(ax+b)^{n+1}}{a(n+1)} + C,\ a \neq 0,\ n \neq -1$
15. $\int (ax+b)^{-1} dx = \dfrac{1}{a}\ln|ax+b| + C,\ a \neq 0$
16. $\int x(ax+b)^n dx = \dfrac{(ax+b)^{n+1}}{a^2}\left(\dfrac{ax+b}{n+2} - \dfrac{b}{n+1}\right) + C,\ a \neq 0,\ n \neq -1, -2$
17. $\int x(ax+b)^{-1} dx = \dfrac{x}{a} - \dfrac{b}{a^2}\ln|ax+b| + C,\ a \neq 0$
18. $\int x(ax+b)^{-2} dx = \dfrac{1}{a^2}\left(\ln|ax+b| + \dfrac{b}{ax+b}\right) + C,\ a \neq 0$

19. $\int \dfrac{\mathrm{d}x}{x(ax+b)} = \dfrac{1}{b}\ln\left|\dfrac{x}{ax+b}\right| + C,\ b \neq 0$

20. $\int (\sqrt{ax+b})^n \mathrm{d}x = \dfrac{2(\sqrt{ax+b})^{n+2}}{a(n+2)} + C,\ a \neq 0,\ n \neq -2$

21. $\int \dfrac{\sqrt{ax+b}}{x}\mathrm{d}x = 2\sqrt{ax+b} + b\int \dfrac{\mathrm{d}x}{x\sqrt{ax+b}}$

22. $\int \dfrac{\mathrm{d}x}{x\sqrt{ax+b}} = \dfrac{2}{\sqrt{|b|}}\arctan\sqrt{\dfrac{ax+b}{|b|}} + C,\ b < 0$

23. $\int \dfrac{\mathrm{d}x}{x\sqrt{ax+b}} = \dfrac{1}{\sqrt{b}}\ln\left|\dfrac{\sqrt{ax+b}-\sqrt{b}}{\sqrt{ax+b}+\sqrt{b}}\right| + C,\ b > 0$

24. $\int \dfrac{\sqrt{ax+b}}{x^2}\mathrm{d}x = -\dfrac{\sqrt{ax+b}}{x} + \dfrac{a}{2}\int \dfrac{\mathrm{d}x}{x\sqrt{ax+b}} + C$

25. $\int \dfrac{\mathrm{d}x}{x^2\sqrt{ax+b}} = -\dfrac{\sqrt{ax+b}}{bx} - \dfrac{a}{2b}\int \dfrac{\mathrm{d}x}{x\sqrt{ax+b}} + C,\ b \neq 0$

26. $\int \dfrac{\mathrm{d}x}{a^2+x^2} = \dfrac{1}{a}\arctan\dfrac{x}{a} + C,\ a \neq 0$

27. $\int \dfrac{\mathrm{d}x}{(a^2+x^2)^2} = \dfrac{x}{2a^2(a^2+x^2)} + \dfrac{1}{2a^3}\arctan\dfrac{x}{a} + C,\ a \neq 0$

28. $\int \dfrac{\mathrm{d}x}{a^2-x^2} = \dfrac{1}{2a}\ln\left|\dfrac{x+a}{x-a}\right| + C,\ a \neq 0$

29. $\int \dfrac{\mathrm{d}x}{(a^2-x^2)^2} = \dfrac{x}{2a^2(a^2-x^2)} + \dfrac{1}{2a^2}\int \dfrac{\mathrm{d}x}{a^2-x^2},\ a \neq 0$

30. $\int \dfrac{\mathrm{d}x}{\sqrt{a^2+x^2}} = \ln(x + \sqrt{a^2+x^2}) + C$

31. $\int \sqrt{a^2+x^2}\,\mathrm{d}x = \dfrac{x}{2}\sqrt{a^2+x^2} + \dfrac{a^2}{2}\ln(x+\sqrt{a^2+x^2}) + C$

32. $\int x^2\sqrt{a^2+x^2}\,\mathrm{d}x = \dfrac{x}{8}(a^2+2x^2)\sqrt{a^2+x^2} - \dfrac{a^4}{8}\ln(x+\sqrt{a^2+x^2}) + C$

33. $\int \dfrac{\sqrt{a^2+x^2}}{x}\mathrm{d}x = \sqrt{a^2+x^2} - a\ln\left|\dfrac{a+\sqrt{a^2+x^2}}{x}\right| + C$

34. $\int \dfrac{\sqrt{a^2+x^2}}{x^2}\mathrm{d}x = \ln(x+\sqrt{a^2+x^2}) - \dfrac{\sqrt{a^2+x^2}}{x} + C$

35. $\int \dfrac{x^2}{\sqrt{a^2+x^2}}\mathrm{d}x = -\dfrac{a^2}{2}\ln(x+\sqrt{a^2+x^2}) + \dfrac{x\sqrt{a^2+x^2}}{2} + C$

36. $\int \dfrac{\mathrm{d}x}{x\sqrt{a^2+x^2}} = -\dfrac{1}{a}\ln\left|\dfrac{a+\sqrt{a^2+x^2}}{x}\right| + C$

37. $\int \dfrac{\mathrm{d}x}{x^2\sqrt{a^2+x^2}} = -\dfrac{\sqrt{a^2+x^2}}{a^2 x} + C,\ a \neq 0$

38. $\int \dfrac{dx}{\sqrt{a^2-x^2}} = \arcsin \dfrac{x}{a} + C,\ a \neq 0$

39. $\int \sqrt{a^2-x^2}\, dx = \dfrac{x}{2}\sqrt{a^2-x^2} + \dfrac{a^2}{2}\arcsin \dfrac{x}{a} + C,\ a \neq 0$

40. $\int x^2 \sqrt{a^2-x^2}\, dx = \dfrac{a^4}{8}\arcsin \dfrac{x}{a} - \dfrac{1}{8}x\sqrt{a^2-x^2}(a^2-2x^2) + C,\ a \neq 0$

41. $\int \dfrac{\sqrt{a^2-x^2}}{x}\, dx = \sqrt{a^2-x^2} - a\ln\left|\dfrac{a+\sqrt{a^2-x^2}}{x}\right| + C$

42. $\int \dfrac{\sqrt{a^2-x^2}}{x^2}\, dx = -\arcsin \dfrac{x}{a} - \dfrac{\sqrt{a^2-x^2}}{x} + C,\ a \neq 0$

43. $\int \dfrac{x^2}{\sqrt{a^2-x^2}}\, dx = \dfrac{a^2}{2}\arcsin \dfrac{x}{a} - \dfrac{1}{2}x\sqrt{a^2-x^2} + C,\ a \neq 0$

44. $\int \dfrac{dx}{x\sqrt{a^2-x^2}} = -\dfrac{1}{a}\ln\left|\dfrac{a+\sqrt{a^2-x^2}}{x}\right| + C,\ a \neq 0$

45. $\int \dfrac{dx}{x^2\sqrt{a^2-x^2}} = -\dfrac{\sqrt{a^2-x^2}}{a^2 x} + C,\ a \neq 0$

46. $\int \dfrac{dx}{\sqrt{x^2-a^2}} = \ln\left|x+\sqrt{x^2-a^2}\right| + C$

47. $\int \sqrt{x^2-a^2}\, dx = \dfrac{x}{2}\sqrt{x^2-a^2} - \dfrac{a^2}{2}\ln\left|x+\sqrt{x^2-a^2}\right| + C$

48. $\int (\sqrt{x^2-a^2})^n\, dx = \dfrac{x(\sqrt{x^2-a^2})^n}{n+1} - \dfrac{na^2}{n+1}\int (\sqrt{x^2-a^2})^{n-2}\, dx,\ n \neq -1$

49. $\int \dfrac{dx}{(\sqrt{x^2-a^2})^n} = \dfrac{x(\sqrt{x^2-a^2})^{2-n}}{(2-n)a^2} + \dfrac{n-3}{(2-n)a^2}\int \dfrac{dx}{(\sqrt{x^2-a^2})^{n-2}},\ n \neq 2$

50. $\int x(\sqrt{x^2-a^2})^n\, dx = \dfrac{(\sqrt{x^2-a^2})^{n+2}}{n+2} + C,\ n \neq -2$

51. $\int x^2 \sqrt{x^2-a^2}\, dx = \dfrac{x}{8}(2x^2-a^2)\sqrt{x^2-a^2} - \dfrac{a^4}{8}\ln\left|x+\sqrt{x^2-a^2}\right| + C$

52. $\int \dfrac{\sqrt{x^2-a^2}}{x}\, dx = \sqrt{x^2-a^2} - \operatorname{arcsec}\left|\dfrac{x}{a}\right| + C,\ a \neq 0$

53. $\int \dfrac{x^2}{\sqrt{x^2-a^2}}\, dx = \dfrac{a^2}{2}\ln\left|x+\sqrt{x^2-a^2}\right| + \dfrac{x}{2}\sqrt{x^2-a^2} + C$

54. $\int \dfrac{\sqrt{x^2-a^2}}{x^2}\, dx = \ln\left|x+\sqrt{x^2-a^2}\right| - \dfrac{\sqrt{x^2-a^2}}{x} + C$

55. $\int \dfrac{dx}{x\sqrt{x^2-a^2}} = \dfrac{1}{a}\operatorname{arcsec}\left|\dfrac{x}{a}\right| + C,\ a \neq 0$

56. $\int \dfrac{dx}{x^2\sqrt{x^2-a^2}} = \dfrac{\sqrt{x^2-a^2}}{a^2 x} + C,\ a \neq 0$

57. $\int \sin^2 x \, dx = \dfrac{x}{2} - \dfrac{\sin 2x}{4} + C$

58. $\int \sin^n x \, dx = -\dfrac{\sin^{n-1} x \cos x}{n} + \dfrac{n-1}{n} \int \sin^{n-2} x \, dx$

59. $\int \cos^2 x \, dx = \dfrac{x}{2} + \dfrac{\sin 2x}{4} + C$

60. $\int \sin ax \sin bx \, dx = \dfrac{\sin(a-b)x}{2(a-b)} - \dfrac{\cos(a-b)x}{2(a+b)} + C, \ a^2 \neq b^2$

61. $\int \sin ax \cos bx \, dx = -\dfrac{\cos(a+b)x}{2(a+b)} - \dfrac{\cos(a-b)x}{2(a-b)} + C, \ a^2 \neq b^2$

62. $\int \cos ax \cos bx \, dx = \dfrac{\sin(a-b)x}{2(a-b)} + \dfrac{\sin(a+b)x}{2(a+b)} + C, \ a^2 \neq b^2$

63. $\int \sin ax \cos ax \, dx = -\dfrac{\cos 2ax}{4a} + C, \ a \neq 0$

64. $\int \sin^n ax \cos ax \, dx = \dfrac{\sin^{n+1} ax}{(n+1)a} + C, \ a \neq 0, \ n \neq -1$

65. $\int \cos^n ax \sin ax \, dx = -\dfrac{\cos^{n+1} ax}{(n+1)a} + C, \ a \neq 0, \ n \neq -1$

66. $\int \dfrac{\sin ax}{\cos ax} \, dx = -\dfrac{1}{a} \ln |\cos ax| + C, \ a \neq 0$

67. $\int \dfrac{\cos ax}{\sin ax} \, dx = \dfrac{1}{a} \ln |\sin ax| + C, \ a \neq 0$

68. $\int \sin^n ax \cos^m ax \, dx = -\dfrac{\sin^{n-1} ax \cos^{m+1} ax}{a(m+n)} + \dfrac{n-1}{m+n} \int \sin^{n-2} ax \cos^m ax \, dx, \ a \neq 0, \ m+n \neq 0$

69. $\int \dfrac{dx}{b + c \sin ax} = \dfrac{-2}{a\sqrt{b^2 - c^2}} \arctan \left| \sqrt{\dfrac{b-c}{b+c}} \tan\left(\dfrac{\pi}{4} - \dfrac{ax}{2}\right) \right| + C, \ a \neq 0, \ b^2 > c^2$

70. $\int \dfrac{dx}{b + c \sin ax} = \dfrac{-1}{a\sqrt{c^2 - b^2}} \ln \left| \dfrac{c + b \sin ax + \sqrt{c^2 - b^2} \cos ax}{b + c \sin ax} \right| + C, \ a \neq 0, \ b^2 < c^2$

71. $\int \dfrac{dx}{1 + \sin ax} = -\dfrac{1}{a} \tan\left(\dfrac{\pi}{4} - \dfrac{ax}{2}\right) + C, \ a \neq 0$

72. $\int \dfrac{dx}{1 - \sin ax} = \dfrac{1}{a} \tan\left(\dfrac{\pi}{4} + \dfrac{ax}{2}\right) + C, \ a \neq 0$

73. $\int \dfrac{dx}{b + c \cos ax} = \dfrac{2}{a\sqrt{b^2 - c^2}} \arctan \left| \sqrt{\dfrac{b-c}{b+c}} \tan \dfrac{ax}{2} \right| + C, \ a \neq 0, \ b^2 > c^2$

74. $\int \dfrac{dx}{b + c \cos ax} = \dfrac{1}{a\sqrt{c^2 - b^2}} \ln \left| \dfrac{c + b \cos ax + \sqrt{c^2 - b^2} \sin ax}{b + c \cos ax} \right| + C, \ a \neq 0, \ b^2 < c^2$

75. $\int \dfrac{dx}{1 + \cos ax} = \dfrac{1}{a} \tan \dfrac{ax}{2} + C, \ a \neq 0$

76. $\int \dfrac{dx}{1 - \cos ax} = -\dfrac{1}{a} \cot \dfrac{ax}{2} + C, \ a \neq 0$

77. $\int x\sin ax\,dx = \dfrac{1}{a^2}\sin ax - \dfrac{x}{a}\cos ax + C,\ a \ne 0$

78. $\int x^n \sin ax\,dx = -\dfrac{x^n}{a}\cos ax + \dfrac{n}{a}\int x^{n-1}\cos ax\,dx,\ a \ne 0$

79. $\int x^n \cos ax\,dx = \dfrac{x^n}{a}\sin ax - \dfrac{n}{a}\int x^{n-1}\sin ax\,dx,\ a \ne 0$

80. $\int \tan ax\,dx = \dfrac{1}{a}\ln|\cos ax| + C,\ a \ne 0$

81. $\int \cot ax\,dx = \dfrac{1}{a}\ln|\sin ax| + C,\ a \ne 0$

82. $\int \tan^2 ax\,dx = \dfrac{1}{a}\tan ax - x + C,\ a \ne 0$

83. $\int \cot^2 ax\,dx = -\dfrac{1}{a}\cot ax - x + C,\ a \ne 0$

84. $\int \tan^n ax\,dx = \dfrac{\tan^{n-1} ax}{a(n-1)} - \int \tan^{n-2} ax\,dx,\ a \ne 0,\ n \ne 1$

85. $\int \cot^n ax\,dx = -\dfrac{\cot^{n-1} ax}{a(n-1)} - \int \cot^{n-2} ax\,dx,\ a \ne 0,\ n \ne 1$

86. $\int \sec ax\,dx = \dfrac{1}{a}\ln|\sec ax + \tan ax| + C,\ a \ne 0$

87. $\int \csc ax\,dx = -\dfrac{1}{a}\ln|\csc ax + \cot ax| + C,\ a \ne 0$

88. $\int \sec^n ax\,dx = \dfrac{\sec^{n-2} ax \tan ax}{a(n-1)} + \dfrac{n-2}{n-1}\int \sec^{n-2} ax\,dx,\ a \ne 0,\ n \ne 1$

89. $\int \csc^n ax\,dx = -\dfrac{\csc^{n-2} ax \cot ax}{a(n-1)} + \dfrac{n-2}{n-1}\int \csc^{n-2} ax\,dx,\ a \ne 0,\ n \ne 1$

90. $\int \sec^n ax \tan ax\,dx = \dfrac{\sec^n ax}{na} + C,\ a \ne 0,\ n \ne 0$

91. $\int \csc^n ax \cot ax\,dx = -\dfrac{\csc^n ax}{na} + C,\ a \ne 0,\ n \ne 0$

92. $\int \arcsin ax\,dx = x\arcsin ax + \dfrac{1}{a}\sqrt{1 - a^2 x^2} + C,\ a \ne 0$

93. $\int \arccos ax\,dx = x\arccos ax - \dfrac{1}{a}\sqrt{1 - a^2 x^2} + C,\ a \ne 0$

94. $\int \arctan ax\,dx = x\arctan ax - \dfrac{1}{2a}\ln(1 + a^2 x^2) + C,\ a \ne 0$

95. $\int x e^{ax}\,dx = \dfrac{e^{ax}}{a^2}(ax - 1) + C,\ a \ne 0$

96. $\int b^{ax}\,dx = \dfrac{b^{ax}}{a\ln b} + C,\ a \ne 0,\ b > 0,\ b \ne 1$

97. $\int x^n e^{ax}\,dx = \dfrac{x^n e^{ax}}{a} - \dfrac{n}{a}\int x^{n-1} e^{ax}\,dx,\ a \ne 0$

98. $\int e^{ax} \sin bx\,dx = \dfrac{e^{ax}}{a^2 + b^2}(a\sin bx - b\cos bx) + C$

99. $\int e^{ax}\cos bx\,dx = \dfrac{e^{ax}}{a^2+b^2}(a\cos bx + b\sin bx) + C$

100. $\int \ln ax\,dx = x\ln ax - x + C$

101. $\int x^n(\ln ax)^m\,dx = \dfrac{x^{n+1}(\ln ax)^m}{n+1} - \dfrac{m}{n+1}\int x^n(\ln ax)^{m-1}\,dx,\ n \neq -1$

102. $\int \dfrac{(\ln ax)^m}{x}\,dx = \dfrac{(\ln ax)^{m+1}}{m+1} + C,\ m \neq -1$

103. $\int \dfrac{dx}{x\ln ax} = \ln|\ln ax| + C$

附录三 参考答案

第1章 函数与极限

练习与思考 1-1

1. (1) $(-\infty, 1) \cup (1, +\infty)$； (2) $[1, +\infty)$；
   (3) $(-2, +\infty)$.

2. (1) 奇函数；(2) 偶函数.

3. (1) $y = \sin(x+1)$； (2) $y = \sqrt{x^2+3}$.

4. (1) $y = e^u, u = \sin x$； (2) $y = u^2, u = \tan x$.

练习与思考 1-2

1. 2. **2.** 0. **3.** 3, 8.

练习与思考 1-3

1. (1) 2；(2) $\dfrac{1}{4}$；(3) $\dfrac{3}{5}$；(4) 1.

2. (1) $\dfrac{1}{2}$；(2) e^{-1}；(3) $e^{\frac{1}{2}}$.

练习与思考 1-4

1. (1) 无穷小；(2) 无穷大.

2. (1) 0；(2) 0；(3) $\dfrac{a}{b}$；(4) 4；(5) -1.

练习与思考 1-5

1. 不连续.

2. (1) $x = -2$,无穷间断点； (2) $x = 2$,可去间断点；
   (3) $x = 1$,跳跃间断点.

3. $[4, 6]$, 0.

第2章 导数与微分

练习与思考 2-1

1. $P'(t)$.

2. $-8, -4x$.

3. (1) 连续但不可导； (2) 连续且可导.

附录三 参考答案

练习与思考 2-2

1. (1) $y' = 8x^3 + \dfrac{2}{x^3} + 5$;

    (2) $y' = e^x \log_2 x + \dfrac{e^x}{x \ln 2}$;

    (3) $y' = \dfrac{2x \sin x - x^2 \cos x}{\sin^2 x}$;

    (4) $y' = 8(2x+5)^3$;

    (5) $y' = 3\sin(1-3x)$;

    (6) $y' = -6x e^{-3x^2}$.

练习与思考 2-3

1. (1) $y'' = 4 - \dfrac{1}{x^2}$;

    (2) $y'' = -2\sin x - x\cos x$.

2. $\dfrac{\mathrm{d}y}{\mathrm{d}x} = \dfrac{x-y}{x}$.

3. $\dfrac{\mathrm{d}y}{\mathrm{d}x} = -2\sin t$.

练习与思考 2-4

1. 0.080 2, 0.08.

2. (1) $\mathrm{d}y = \left(-\dfrac{1}{x^2} + \dfrac{1}{\sqrt{x}}\right)\mathrm{d}x$;

    (2) $\mathrm{d}y = (\sin 2x + 2x\cos 2x)\mathrm{d}x$.

3. (1) $2x + C$;

    (2) $\dfrac{3}{2}x^2 + C$;

    (3) $\sin x + C$;

    (4) $-\dfrac{1}{2}\cos 2x + C$.

第 3 章 导数的应用

练习与思考 3-1

1. 必要.
2. C.
3. (1) $(-\infty, 1)$增, $(1, +\infty)$减, 极大值 $f(1) = 3$;
    (2) $(-\infty, 1), (3, +\infty)$增, $(1, 3)$减, 极大值 $f(1) = 4$, 极小值 $f(3) = 0$.

练习与思考 3-2

1. 略.
2. 最大值 $f(-1) = 5$, 最小值 $f(-3) = -15$.
3. $Q = 5\,000$ 件.

练习与思考 3-3

1. $>$, $>$.
2. $(1, +\infty)$, $(-\infty, 1)$, $(1, 0)$.
3. $x = 0$, 铅垂.

练习与思考 3-4

1. (1) -1; (2) 0; (3) $\dfrac{1}{2}$; (4) 1.

练习与思考 3-5

1. $R'(20)=12, C'(20)=10, L'(20)=2.$

2. $\eta(P)=\dfrac{P}{4}, \eta(3)=\dfrac{3}{4}$; 价格上涨 1%, 收益将增长 0.25%.

第 4 章　不定积分

练习与思考 4-1

1. (1) $x^3+C, 3x^2+C$;　　　　(2) $-\cos x+\sin x+C, \sin x+\cos x+C.$

2. (1) $3x+\dfrac{3}{4}x\sqrt[3]{x}-\dfrac{1}{2x^2}+\dfrac{3^x}{\ln 3}+C$;　　(2) $\ln|x|+e^x+C.$

练习与思考 4-2

1. (1) $\dfrac{1}{50}(1+5x)^{10}+C$;　　　　(2) $\dfrac{1}{3}\ln|3x-1|+C$;

　 (3) $-\dfrac{1}{3}e^{1-3x}+C$;　　　　(4) $2\ln|\sqrt{x}+1|+C.$

练习与思考 4-3

1. (1) $-x\cos x+\sin x+C$;　　　　(2) $\dfrac{1}{2}xe^{2x}-\dfrac{1}{4}e^{2x}+C$;

　 (3) $\dfrac{1}{2}e^x(\sin x+\cos x)+C.$

第 5 章　定积分

练习与思考 5-1

1. (a) $\displaystyle\int_1^3 \dfrac{1}{x}dx$;　(b) $\displaystyle\int_a^b [f(x)-g(x)]dx.$

2. (1) 正; (2) 正; (3) 正.

练习与思考 5-2

1. (1) 4; (2) $2\arctan 1-1=\dfrac{\pi}{2}-1.$

2. (1) 1; (2) $\dfrac{e+e^{-1}}{2}-1.$

练习与思考 5-3

1. (1) 1; (2) $4(\sqrt{2}-1)$; (3) $\dfrac{\pi}{2}.$

2. 收敛, $\dfrac{1}{2}.$

练习与思考 5-4

1. (a) $3\ln 3 - 2$; (b) $\dfrac{1}{6}$.

2. (1) $\dfrac{1}{6}$; (2) $\dfrac{1}{6}$.

3. 2π.

图书在版编目(CIP)数据

高等数学/杨光昊,李伟,芦艺主编.—上海:复旦大学出版社,2019.8(2024.8重印)
高等职业院校公共基础课教材
ISBN 978-7-309-14532-8

Ⅰ.①高…　Ⅱ.①杨…②李…③芦…　Ⅲ.①高等数学-高等职业教育-教材　Ⅳ.①O13

中国版本图书馆 CIP 数据核字(2019)第 166334 号

高等数学
杨光昊　李　伟　芦　艺　主编
责任编辑/梁　玲

复旦大学出版社有限公司出版发行
上海市国权路 579 号　邮编:200433
网址: fupnet@fudanpress.com　http://www.fudanpress.com
门市零售: 86-21-65102580　团体订购: 86-21-65104505
出版部电话: 86-21-65642845
常熟市华顺印刷有限公司

开本 787 毫米×960 毫米　1/16　印张 10　字数 176 千字
2024 年 8 月第 1 版第 12 次印刷
印数 116 131—116 980

ISBN 978-7-309-14532-8/O·673
定价:32.00 元

如有印装质量问题,请向复旦大学出版社有限公司出版部调换。
版权所有　　侵权必究